低渗透—致密砂岩气藏开发评价技术

程立华 冀 光 王国亭 郭 智 孟德伟 著

石油工业出版社

内 容 提 要

本书从地质研究和动态评价角度出发，总结了低渗透—致密砂岩气藏开发评价技术方法，包括动态评价技术、储层描述技术、富集区优选技术、地质建模技术、井网优化技术和水平井开发技术，为该类气藏开发指标评价和开发对策制订提供技术支撑。

本书可供从事气田开发的科研人员、工程技术人员和高等院校相关专业师生参考使用。

图书在版编目（CIP）数据

低渗透—致密砂岩气藏开发评价技术／程立华等著
. —北京：石油工业出版社，2021.6
ISBN 978-7-5183-4599-1

Ⅰ. ①低… Ⅱ. ①程… Ⅲ. ①低渗透油气藏-砂岩油气田-气田开发-评价Ⅵ. ①P618.13

中国版本图书馆 CIP 数据核字（2021）第 061574 号

出版发行：石油工业出版社
　　　　　（北京安定门外安华里 2 区 1 号　100011）
　　　网　址：www.petropub.com
　　　编辑部：（010）64523708
　　　图书营销中心：（010）64523633
经　　销：全国新华书店
印　　刷：北京中石油彩色印刷有限责任公司

2021 年 6 月第 1 版　2021 年 6 月第 1 次印刷
787×1092 毫米　开本：1/16　印张：14.25
字数：350 千字

定价：140.00 元

前　言

中国天然气藏类型丰富，包括深层高压气藏、碳酸盐岩气藏、疏松砂岩气藏、低渗透—致密砂岩气藏和火山岩气藏等，近年来更是掀起了页岩气和煤层气的开发热潮。多种气藏类型中，低渗透—致密砂岩气藏储量和产量占比最大。

尽管中国在古代就有了天然气开采记录，但是直到 20 世纪 70 年代才实现天然气规模开发和利用，进入 21 世纪后开始跳跃式增长，这其中离不开低渗透—致密砂岩气藏的规模有效开发。2000 年以前，中国天然气工业经历了长达 50 年的缓慢发展阶段，全国天然气年产量最高为 $265×10^8 m^3$。2000 年以后，中国天然气开发进入了快速增长阶段，储量规模不断扩大，产量持续攀升，年产量由 $300×10^8 m^3$ 增长到近 $1900×10^8 m^3$，20 年内年产量扩大 6 倍，进入"油气并重"的开发时期。低渗透—致密砂岩气藏是这一时期天然气发展的主要贡献者，产量占比达到全国天然气产量的四分之一，最具代表性的苏里格气田成为国内乃至世界规模最大的致密砂岩气田。因此，低渗透—致密砂岩气藏的规模开发，对于中国天然气工业发展具有重要意义。

中国低渗透—致密砂岩气藏以碎屑岩沉积为主，本书也主要阐述低渗透—致密砂岩气藏的开发评价技术。由于中国主要含油气盆地以陆相沉积为主，地质条件复杂，砂体分布不稳定，有效储层非均质性强，储层预测难度较大。同时，该类气藏单井普遍产量较低，井间差异较大，单井指标预测的可靠性和开发效益评价难度较大，造成开发初期对该类气藏认识不足，制约了气田的规模建产。历经近 20 年的气藏评价和开发建产，中国多个低渗透—致密砂岩气田已经由上产期进入稳产中后期，与之相适应的开发技术不断成熟，开发规律认识不断深入，基本掌握了该类气藏的储层特点、富集规律、开发特征和开发对策，形成了系列的开发评价技术。

笔者和所在的项目团队，有幸持续开展低渗透—致密砂岩气藏地质和气藏工程方面的攻关研究，研究成果不断积累完善，因此将一些评价技术方法与研究实例结合，编写成书，供读者借鉴和指导。

本书共八章，首先阐述低渗透—致密砂岩气藏的地质特点，然后从动态评价技术、储层描述技术、富集区优选技术、地质建模技术、井网优化技术和水平井优化部署技术等方面分别阐述，涵盖了气藏评价的各个方面。研究对象以我国最有代表性的鄂尔多斯盆地为主，充分体现了中国低渗透—致密砂岩气藏的发育特点。

本书的第一章、第四章、第五章和第七章由程立华、唐海发编写，第二章由王国亭、韩江晨编写，第三章由孟德伟编写，第六章和第八章由郭智编写。全书由程立华、冀光负责统稿。另外，何东博、位云生、王丽娟、罗娜、程敏华和刘群明等人也参加了相关研究工作，为本书的编写做出了贡献，在此一并表述感谢！另外，贾爱林教授为本书的编写提出诸多宝贵意见，在此特别表示感谢！

由于笔者水平有限，书中难免有不足之处，敬请广大读者批评指正。

目　　录

第一章 概 述

第一节 低渗透—致密砂岩气藏的界定

严格意义上说，低渗透砂岩和致密砂岩在物性上有明确的界限，但是在开发实践中，由于中国低渗透砂岩和致密砂岩储层主要形成于陆相河流—三角洲体系，储层薄、连续性差，且具有多层系发育的特点，因此低渗透砂岩和致密砂岩储层多以共存的形式存在，同时二者的开发技术具有很多相同之处，所以中国天然气开发业内一直有低渗透—致密砂岩气藏的习惯提法。

低渗透—致密砂岩气藏界定的依据主要是储层的渗透率，特别是致密砂岩的界定，最早由美国提出明确的界限，并逐渐得到推广。1978 年美国天然气政策法案中规定，只有砂岩储层对天然气的渗透率小于或等于 0.1mD 时才可以被定义为致密砂岩气藏。美国联邦能源委员会（FERC）把致密砂岩气藏定义为地层渗透率小于 0.1mD 的砂岩储层。在实际生产和研究中，国外一般将孔隙度低（一般 10% 以内）、含水饱和度高（大于 40%）、渗透率低（小于 0.1mD）的含气砂层作为致密砂岩气层。现在这个定义已成为通用的标准（Terrilyn，1985）。

中国石油天然气行业标准《气藏分类》（SY/T 6168—1995）规定，气藏储层有效渗透率大于 50mD 为高渗透储层，有效渗透率为 10~50mD 的属中渗透储层，有效渗透率为 0.1~10mD 属低渗透储层，有效渗透率小于或等于 0.1mD 为致密储层，与国外标准是统一的。石油天然气行业标准《致密砂岩气地质评价方法》（SY/T 6832—2011）规定，覆压基质渗透率小于或等于 0.1mD 的砂岩气层为致密砂岩气层，其特点是单井一般无自然产能或自然产能低于工业气流下限，但在一定经济条件和技术措施下可以获得工业天然气产量。通常情况下，这些措施包括压裂、水平井、多分支井等。

综合对比来看，国外多采用地层条件下的渗透率来评价致密储层，通过试井或实验室覆压渗透率测试来求取地层条件下的渗透率值。国内一般习惯采用常压条件下实验室测得的空气渗透率来评价储集层，测试围压条件一般为 1~2MPa。考虑到致密储层的滑脱效应和应力敏感效应的影响，对于不同孔隙结构的致密砂岩，地层条件下渗透率 0.1mD 大体对应于常压空气渗透率 0.5~1.0mD。与渗透率不同，从常压条件下恢复到地层压力条件下，致密砂岩的孔隙度变化不大。地层条件下渗透率为 0.1mD 致密砂岩对应的孔隙度一般在 7%~12% 之间。

依据国内低渗透—致密砂岩气藏地质、生产动态特征及技术经济条件，将在覆压条件下含气砂岩渗透率小于 0.1mD 的气藏称为致密砂岩气藏。在覆压条件下，含气砂岩渗透率 0.1~10mD 的气藏称为低渗透砂岩气藏。尽管在储层渗透率大小上可以给出低渗透砂岩气藏和致密砂岩气藏的明确界限，但在实际应用中，致密储层和低渗透储层常常共同发育，或交互成层，或以过渡方式相接，不好给出明确的气藏边界；同时，对于低渗透砂岩气藏和致密砂岩气藏，许多开发技术是通用的，因此在分析气藏特征、开发规律和开发技术对策时，也统称为低渗透—致密砂岩气藏。当然，对于气层集中、物性区分明显的气藏，还是要明确低渗透砂岩和致密砂岩的气藏类型。

实际应用中，低渗透—致密砂岩气藏的渗透率低，划分气藏类型时，应注意以下三点：一是覆压矫正后的岩心渗透率小于 0.1~10mD 的样品超过 50%；二是大面积低渗透率条件下存在一定比例的相对高渗透率样品；三是裂缝可以改善储层渗流条件，但评价时不含裂缝渗透率。中国鄂尔多斯盆地苏里格气田和四川盆地须家河组气藏的砂岩储层在常压条件下孔隙度为 3%~12%、渗透率为 0.001~1mD，覆压条件下渗透率小于 0.1mD 的样品比例占 80% 以上，两者以致密砂岩储层为主，局部区块属于低渗透砂岩储层。鄂尔多斯盆地榆林气田主要目的层山 2 段储层孔隙度一般为 2%~12%，平均孔隙度 6.2%，分布频率主要集中在 4%~10%，占比 82.8%；渗透率一般为 0.01~10mD，平均为 4.521mD，渗透率分布表现出双峰态特征，表明在低孔隙度、低渗透率（渗透率小于 1mD 样品占 54.5%）的背景上存在相对高孔隙度、高渗透率的储层，孔隙度大于 8% 样品分布频率可占 16.6%，渗透率大于 1mD 样品分布频率占 45.6%。

低渗透—致密砂岩气藏的开发极大地推动了世界天然气工业的发展，也助推我国天然气产量爆发式增长。天然气作为一种清洁、方便、价廉和用途广泛的能源，是众多能源中增长最快的一种。2010—2020 年，中国天然气年产量快速增长，由 $948 \times 10^8 \mathrm{m}^3$ 增长到 $1800 \times 10^8 \mathrm{m}^3$，翻了一倍；同时，天然气年消费量增长幅度更大，由 $1075 \times 10^8 \mathrm{m}^3$ 增长到 $3200 \times 10^8 \mathrm{m}^3$，翻了三倍。天然气消费量的增速远远超过中国天然气产量的增速，导致国内天然气对外依存度不断提高，达到 42%，迫使国内不断加大天然气勘探开发力度。

常规气藏得到开发之后，人们必然将目标转向低渗透—致密砂岩气藏，以尽可能地弥补后备资源的欠缺。2018 年世界范围内已经勘探的 400 多个盆地中，已发现的常规天然气资源量 $322 \times 10^{12} \mathrm{m}^3$，非常规天然气资源量为 $922 \times 10^{12} \mathrm{m}^3$。显然，大量的天然气是以非常规天然气的形式存在于自然界的。21 世纪非常规气藏勘探开发方法的不断进步，极大地促进了低渗透—致密砂岩气藏的全面开发。地震勘探开发新技术为气层识别、沉积模式和地质模型建立提供了依据；大型压裂技术的发展大幅度提高了单井产量，提升开发效益；空气钻井技术提高了钻速，降低成本；排水采气技术的推广应用，解决了含水率高而提前关井的问题，提高单井累计产量；多级增压进一步降低了废弃压力。勘探开发技术的不断创新和应用，使低渗透—致密砂岩气藏的开发由非常规逐渐变为常规。

第二节　低渗透—致密砂岩气藏发育特点

低渗透—致密砂岩气藏具有一般气藏的共性（圈闭类型、孔隙度、渗透率、储层条件、盖层、范围），也具有诸如储层渗透率低、储量丰度低等若干特性。从目前的勘探开发实践来看，这种气藏具有三个特点：一是气藏分布具有隐蔽性，一般的勘探方法难以发现；二是客观认识这类气藏的周期较长，在短期内难以认识气藏特性并做出客观评价；三是气藏必须经过一定的改造措施，才具有一定的产能，即使发现、认定为具有工业价值的储量，非采取特殊方法也难以采出，其产能发挥程度是否能进行工业性开采，决定于当前的开发工艺技术水平。低渗透—致密砂岩气藏在不同的沉积环境中广泛发育，目前，国外开发的低渗透—致密气储层主要以沙坝—滨海平原和三角洲沉积体系为主，河流相沉积较少，储层分布相对较稳定，累计有效厚度较大，但优质储层连续性和连通性较差，多以透镜状分布。国内开发的低渗透—致密砂岩气藏主要以辫状河沉积体系为主，有效储层多呈透镜状发育，连续性和连通性更差。国内低渗透—致密砂岩气藏总体地质特征是：圈闭类型多样，储层大规模分布，储量规模大，饱和度差异大，油气水易共存，无自然产量或产量极低，需改造，单井稳产时间短。

一、圈闭特征

圈闭类型具有多样性，既有构造圈闭，又有岩性圈闭，以及构造—岩性复合圈闭。圈闭类型主要与其所处盆地的构造位置有关，盆地斜坡区等低缓构造区带主要为岩性圈闭或构造—岩性复合圈闭，高陡构造带多形成构造圈闭。构造圈闭气藏如迪那气田、大北气田、八角场气田、邛西气田等，岩性圈闭气藏如苏里格气田、榆林气田、子洲气田、昌德气田等，构造岩性复合圈闭气藏如广安气田、合川气田、白马庙气田、长岭气田等。

从圈闭性质而言，构造圈闭形成的气藏，其富集程度和储量丰度较高，资源品质较好，分布范围较为局限，具有明确的气藏边界，一般存在边水或底水。岩性气藏的富集程度和储量丰度一般较低，资源品质较差，分布范围广，整体储量规模大。

二、地层压力

受气藏地质条件和成藏演化过程的影响，原始地层压力低压、常压、高压均有分布，少量区块还形成超高压气藏。由于气体的强压缩性，高压气藏所蕴含的天然气更加丰富。

1. 低压气藏

以苏里格气田为代表的大面积、低丰度、低渗透—致密砂岩气藏，埋藏深度 3300～3500m，平均地层压力系数 0.87，气藏主体不含水。

2. 常压气藏

以川中须家河组气藏为代表的多层状致密砂岩气藏，天然气充注程度弱，构造平缓区表现为大面积气水过渡带的气水同层特征，埋藏深度 2000～3500m，构造高部位含气饱和度 55%～60%，平缓区含气饱和度一般为 40%～50%，压力系数 1.1～1.5。以长岭气田登娄库组气藏为代表的多层致密砂层气藏储层横向上分布稳定，天然气充注程度较高，含气饱和度 55%～60%，埋藏深度 3200～3500m，地层平均压力系数 1.15。

3. 高压气藏

以库车坳陷迪北气田为代表的块状致密砂岩气藏，埋藏深度 4000～7000m，压力系数 1.2～1.8。

三、储层类型

低渗透—致密砂岩气藏的储集空间主要有孔隙型和裂缝—孔隙型两大类。其中，孔隙型储层多位于盆地的构造平缓区，断层和裂缝不发育，孔隙类型多为原生残余孔隙与次生孔隙混合型，目前发现的低渗透—致密砂岩气藏多为孔隙型储层。裂缝—孔隙型储层多位于构造发育区，地层所受构造应力强，变形明显，断层和裂缝较发育，虽然储层基质渗透率低，但裂缝改善了储层的渗流能力，严格意义上讲部分该类气藏不需要储层改造措施即可获得工业产量，可以不划分在低渗透—致密砂岩气藏范畴，与常规构造气藏相近。

受沉积和成岩作用影响，低渗透—致密砂岩储层可以是厚层块状，也可以是多层叠置，也可以是透镜状，因此，根据国内低渗透—致密砂岩气藏地质特点，按照气藏储集体形态，可以将其划分为块状、层状和透镜状三种类型。

1. 块状型

该类气藏储层在整体低渗透率的背景上，裂缝较为发育，主要发育于背斜、断背斜、断块型圈闭中，储量丰度较高，气井产能较高。储量规模主要受气层厚度和圈闭面积控制，可形成上百亿立方米级至上千亿立方米级的储量规模，是低渗透—致密砂岩气藏中储量品质最好的气藏类型。国内已发现的这类气藏主要分布在前陆盆地冲断带，如塔里木盆地库车前陆冲断带和四川盆地川西前陆冲断带，代表型气田有迪那气田、大北气田、邛西气田、平落坝气田、九龙山气田等。由于推覆构造的影响，地层变形强烈，形成构造幅度大的正向构造，低渗透储层发育与断层相关的裂缝。但由于强烈的构造应力挤压作用，储层基质的孔隙度和渗透率都大幅下降，往往基质孔隙度小于5%，渗透率小于0.01mD，形成裂缝—孔隙型储层，甚至孔隙—裂缝型储层。由于裂缝对储层渗透性的改善，加之构造幅度大，形成了很好的气水分异，气柱高度大，天然气富集程度和储量丰度较高。该类气藏一般具有边水或底水。

该类气藏气井产能主要受裂缝发育程度控制，裂缝发育带上气井产量可达 $10×10^4 m^3/d$ 以上，且稳产能力较强（图1-1）。

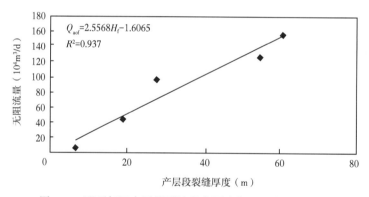

图1-1　邛西气田产层段裂缝发育厚度与无阻流量关系图

井间连通性较好，单井控制储量和累计产量较高，可采用稀井高产的开发模式。采气速度不宜过快，否则会引起边（底）水的快速锥进，导致气井过早见水，降低气藏采收率，特别是储层中有大量裂缝存在的情况下，采气速度过高会导致气井的暴性水淹，稳气控水式开发是主要对策之一。

裂缝发育程度较高的区块一般不需要储层改造，或经过酸洗后即可投入生产，如邛西气田（图1-2）、中坝气田等；在裂缝发育程度相对较弱的区块，则需要储层压裂措施来提高气井产量，如迪那气田、吐孜洛克气田、大北气田等。受具体成藏条件的控制，该类气藏中的部分气藏为高压气藏或异常高压气藏，这进一步提升了该类储量的品质。

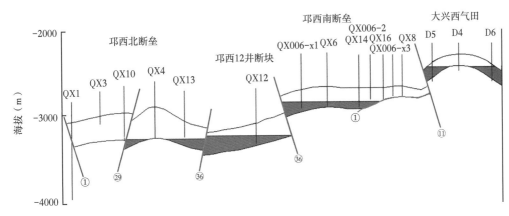

图 1-2 邛西气田气藏剖面图

2. 层状型

该类气藏的储层为水动力条件较为稳定的河流相沉积或三角洲相沉积，储层粒度和物性分布较为均质，岩石成熟度高，多为石英砂岩，以原生孔隙为主。由于石英脆性颗粒在强压实作用下产生了部分微裂缝，具有相对低孔隙度、高渗透率的特征，孔隙度一般为4%~6%，绝对渗透率可达 1mD 以上。

储层为层状分布，具有较好的连续性，且主力层段集中，易于实施长水平段水平井来获得较高的单井控制储量和单井产量。以鄂尔多斯盆地榆林气田（图 1-3）和子洲气田为典型代表。榆林气田单井动态储量可达（3~5）×10^8m^3 以上，水平井初期产量可达 100×10^4m^3/d。由于渗透率相对较好，一般不需压裂而通过酸洗即可获得较高的单井产能。层状气藏采气速度一般 2.5% 左右，开发条件有利的气藏的采气速度有时可达 3% 以上，有一定的稳产期，气藏最终采收率可达 50% 以上。

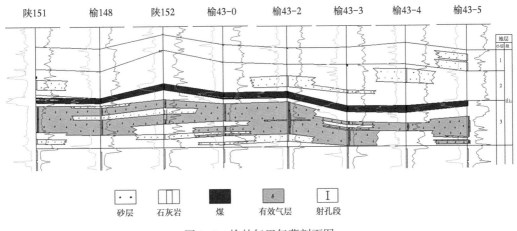

图 1-3 榆林气田气藏剖面图

3. 透镜状型

该类气藏沉积相主要为河流相砂岩沉积，由于河流沉积水动力变化较大，使这类储层形成了明显的粗细沉积分异，主河道心滩沉积了粗粒砂岩，其他部位沉积中粒砂岩、细粒砂岩。经过强烈的成岩作用后，粗砂岩形成了孔隙度5%以上的相对优质含气砂体，成为主力产层相带；中—细粒砂岩形成了孔隙度5%以下的致密层，对气井产能贡献有限。这种沉积和成岩特征决定了有效砂体规模小，分布分散。单个有效砂体一般在几十米至几百米范围内，横向连续性和连通性差。但在空间范围内数量巨大的有效砂体具有多层、广泛分布的特征，所有有效砂体平面叠置后，含气面积可达到95%以上。但由于非均质性强、储量丰度低，受井网密度与经济条件制约，储量动用程度一般较低，采气速度一般低于1%，采收率一般只有30%~40%。

苏里格气田为其典型代表（图1-4）。苏里格气田分布在鄂尔多斯盆地构造平缓的伊陕斜坡区，面积达数万平方千米，储量规模数万亿立方米。气藏范围内断层和裂缝不发育，以孔隙型储层为主，孔隙度在5%~12%之间，绝对渗透率介于0.01~1mD，含气性主要受岩性和物性控制，具有岩性圈闭的特征。气藏基本不含水，为干气气藏。由于特定的成藏演化过程，形成了原始低压地层压力系统，平均压力系数0.87MPa/100m。透镜状储层分布高度分散，纵向发育盒8段上亚段、盒8段下亚段和山1段三个主力砂层组，有效砂体单层孤立发育为主，多层系叠合形成大面积连续分布的气藏。

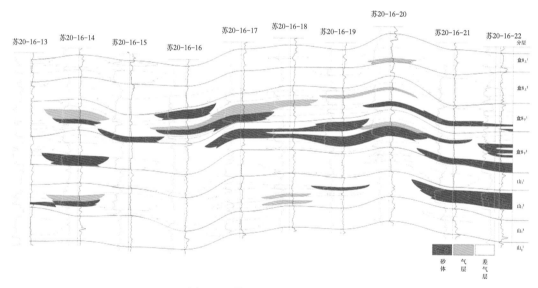

图1-4　苏里格气田气藏剖面图

四、气水关系

受构造条件、储层条件和烃源条件多重因素控制，不同气藏具有不同的气水分布特征。

构造型气藏气水关系较为简单，如中国的迪那气田、邛西气田、大北气田具有明显的气水界面，地层水以边水或底水形式存在。

岩性气藏地层水分布较为复杂。苏里格气田由于天然气充注程度较高，除苏里格西区局部区块有残存的可动地层水之外，气田大部分储层中的地层水都以束缚水形式存在，气井基本不产地层水。四川盆地川中地区须家河组气藏天然气充注程度较低，构造平缓，低渗透储层毛细管阻力较大，天然气在储层中发生二次运移调整聚集的能力较弱，从而使气水分异差，大部分地区的气水分布类似于常规气藏的气水过渡带性质，仅有局部构造位置或裂缝发育带形成较好的气水分异。

五、气体相态

干气、湿气、凝析气均有分布，以干气气藏为主。鄂尔多斯盆地为干气气藏，四川盆地干气、湿气均有分布，塔里木盆地主要分布凝析气藏。

低渗透—致密砂岩气藏储量规模与储量丰度成反比关系，构造气藏具有小而优的特征，岩性气藏具有大而贫的特征（图1-5），主要受储层厚度、构造幅度等因素控制；前陆冲断带高陡背斜部位的低渗透—致密砂岩气藏一般气柱高度大，富集程度较高，储量丰度一般在 $(3 \sim 5) \times 10^8 \mathrm{m}^3/\mathrm{km}^2$，盆地构造低缓的斜坡区储量丰度较低，一般在 $1 \times 10^8 \mathrm{m}^3/\mathrm{km}^2$。

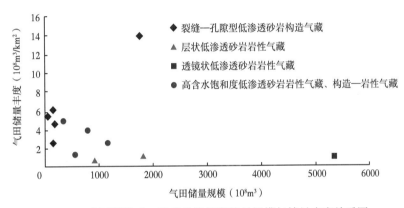

图1-5 中国低渗透—致密砂岩气藏储量规模与储量丰度关系图

第三节 低渗透—致密砂岩气藏的分布特征

全球已发现或推测发育低渗透—致密砂岩气的盆地有70多个，主要分布在北美、欧洲和亚太地区。全球已开发的大型低渗透—致密砂岩气藏主要集中在美国西部和加拿大西部，即落基山及其周围地区。美国落基山地区西侧以逆掩断层带开始，向北与加拿大阿尔伯达盆地西侧逆掩带对应，向东、向南依次散布着数十个盆地，蕴含着丰富的低渗透—致密气资源。中国低渗透—致密砂岩气藏在多个盆地都有分布，包括鄂尔多斯盆地、四川盆地、松辽盆地、吐哈盆地等；其中鄂尔多斯盆地资源潜力最大，气藏地质条件相对简单，已经实现了规模开发。

一、美国典型致密气盆地

美国本土现有含气盆地113个，其中含有致密砂岩气藏的盆地共23个，主要的含致密气区域包括新墨西哥州圣胡安盆地，得克萨斯州棉花谷盆地、二叠盆地的峡谷砂岩，犹他州尤因塔盆地，南得克萨斯州及怀俄明州的绿河盆地（图1-6）。

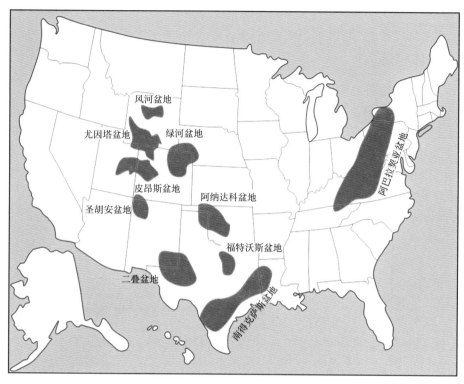

图 1-6　美国低渗透砂岩天然气分布的主要盆地

美国 2010 年剩余探明可采储量超过 $5 \times 10^{12} m^3$，剩余探明可采储量中大约一半的致密气探明资源来源于落基山地区，2010 年该地区致密砂岩气产量达 $1754 \times 10^8 m^3$，约占美国天然气总产量的 26%，在天然气产量构成中占有重要地位。致密砂岩储层以白垩系和古近—新近系的砂岩、粉砂岩为主。以下是美国几个典型低渗透—致密砂岩气田简介。

1. 圣胡安盆地

圣胡安盆地发现于 1927 年，3 个边界为逆冲断层，盆地主体部位为向东北倾斜的单斜。盆地白垩纪经历了两次海侵和海退，形成 Dakota、Mesaverde、Pictured Cliffs 三套砂岩储层，顶部形成 Fruitland 煤系地层。四套产层均广泛分布，单井钻遇气层厚度 40~100m，各层系单井最终可采储量较少，一般为（0.2~0.5）$\times 10^8 m^3$。砂岩储层中普遍存在天然裂缝，是低渗透—致密砂岩气藏得以有效开发的重要地质条件。储层基质的有效渗透率基本上小于 0.1mD；单井最终可采储量少，大部分小于 $0.5 \times 10^8 m^3$。单井产量递减快，长期低产是气井生产的主要特征。大量的生产井才能使气田产量达到一定规模；不断地钻开发井，是保持气田稳产的基础；逐步加密井网，是提高气藏采收率的主要手段。

2. 奥卓拉气田

奥卓拉气田位于得克萨斯州西部，有三套产层：二叠系狼营统 Canyon 砂岩层天然气储量 $55.2 \times 10^8 m^3$；宾夕法尼亚系 Strawn 石灰岩层天然气储量 $7.8 \times 10^8 m^3$；下奥陶统 Ellenburger 白云岩层天然气储量 $34.8 \times 10^8 m^3$。Canyon 砂岩是主要的产气层段，属岩性—构造圈闭气藏，沉积类型为三角洲相。储层渗透率 0.27mD，孔隙度 9%~15%，平均值为 11.2%；储层埋深 1900~2100m，气层厚度 6.1~30.5m，原始地层压力 18.19MPa。均匀布井，开发过程中井网逐渐加密；20世纪60年代开发初期，单井控制面积1.3km²，后通过两次加密后，单井控制面积达到0.65km²和0.32km²；1995年主力区单井控制面积加密到0.16km²；1996—1997年计划打加密井400~600口，1999年已钻开发井超过1500口，气田大约52%的井单井控制面积小于0.16km²，23%的井单井控制面积在0.16~0.32km²之间。

3. 棉花谷气田

棉花谷气田位于得克萨斯州东北部，地质储量3074.2×10⁸m³，沉积年代是晚侏罗世—早白垩世，砂岩产层厚度300~427m，渗透率介于0.015~0.043mD。

4. 瓦腾伯格气田

瓦腾伯格气田位于美国丹佛盆地轴部，气藏主要为下白垩统砂岩，储层为朝北西方向推进的三角洲前缘的海退滨线砂体；岩性以细砂岩和粉砂岩为主；孔隙度8%~12%，渗透率0.01~0.0003mD；天然气的富集主要受岩性控制；气井自然产能约为（0.2~0.3）×10⁴m³/d，需要压裂改造才能投产。

二、加拿大典型致密气盆地

加拿大在北美洲天然气市场占有重要地位。据2009年的世界能源大观统计，加拿大2009年致密砂岩气产量为500×10⁸m³。加拿大的天然气产量约占北美洲地区的四分之一，其天然气主要来自西部的阿尔伯达省。阿尔伯达盆地位于落基山东侧，内部构造格局简单，为一巨大的西倾单斜构造，地层厚度由西向东呈楔形急剧减薄，中生界厚度达4600m。致密气藏主要分布于盆地西部最深坳陷的深盆区，发现了20多个产气层段，含气面积62160km²。另外，在加拿大的其他几个地区也发现了致密气藏，包括新不伦瑞克省、魁北克、安大略湖及西北地区（图1-7）。

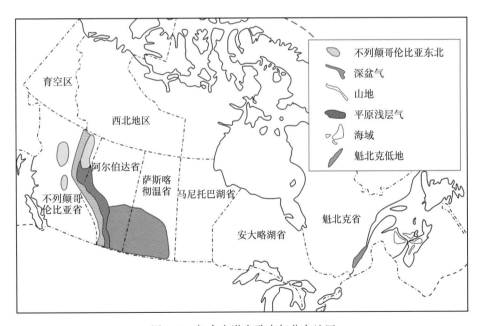

图1-7 加拿大潜在致密气分布地区

三、中国低渗透—致密砂岩气藏的主要类型和分布特征

中国发现的低渗透—致密气资源在多种类型盆地和盆地的不同构造位置均有分布，但更具规模意义的大型致密砂岩气主要分布在坳陷盆地的斜坡区。根据中国陆相坳陷盆地的地质条件，致密砂岩气的发育有以下基本特征：大型河流沉积体系形成了广泛分布的砂岩沉积，整体深埋后在煤系成岩环境下形成了致密砂岩，储层与烃源岩大面积直接接触为致密气提供了良好的充注条件，平缓的构造背景和裂缝不发育有利于致密气的广泛分布和保存。

中国沉积盆地类型的多样性为低渗透—致密砂岩气藏的分布提供了广阔的地质背景，随着勘探和开发的不断深入，将发现更多的低渗透—致密砂岩气藏。低渗透—致密砂岩气藏在中国多种类型沉积盆地、不同时代地层中的分布见表1-1。

表1-1　中国已发现的主要低渗透—致密砂岩天然气藏类型与分布

盆地	构造类型	地质层位	圈闭类型	储集空间	地层压力	孔隙度（%）渗透率（mD）	气体性质	埋藏深度（m）	典型气田
鄂尔多斯	伊陕斜坡	C、P	透镜体多层叠置	孔隙型	常压—低压	$\frac{4\sim12}{0.01\sim1}$	干气	2500~4000	苏里格、榆林、乌审旗、神木
四川	川中斜坡	T_3x	多层状	孔隙型，局部裂缝—孔隙型	常压—高压	$\frac{4\sim12}{0.001\sim2}$	湿气凝析气	2000~3500	广安、合川、八角场、西充
四川	川西前陆	J、T_3x	多层状	裂缝—孔隙型为主	常压	$\frac{3\sim6}{<0.01\,基质}$	干气		邛西平落坝
塔里木	库车坳陷	E、K	块状	裂缝—孔隙型	常压高压	$\frac{4\sim9}{<0.5}$	湿气凝析气	4000~7000	迪北、大北、吐孜洛克
松辽		K_1d	多层状	孔隙型	常压	$\frac{4\sim6}{0.01\sim0.1}$	干气	3200~3500	长岭、徐深
渤海湾		E	块状				凝析气		白庙、文23、牛居
吐哈		J_1b、J_1s	透镜体多层状	裂缝—孔隙型	常压	$\frac{4\sim8}{<0.1}$	湿气凝析气	3000~4000	巴喀、红台

四、低渗透—致密砂岩气藏的储量和产量分布

1. 国外分布状况

低渗透—致密砂岩气藏作为一种非常规天然气藏，其开发需要采用特殊的钻井和增产技术，目前认识到的非常规天然气主要包括低渗透—致密砂岩气、煤层气和页岩气，在世界上广泛分布。非常规气藏的地质储量的估算通常较为复杂，原因是这类气藏储层非均质性强，含气范围不受构造约束，与常规气相差较大。全世界的非常规天然气资源总量估计超过了 $900\times10^{12}\,m^3$，其中，美国和加拿大合计占25%，中国、印度和俄罗斯各占15%。

2007年，世界低渗透—致密砂岩气藏可采储量估算为 $200\times10^{12}\,m^3$，拥有储量比较多

的地区有美洲（38%）、亚太地区（25%）、俄罗斯（13%）、中东和北非（11%）及非洲撒哈拉以南地区（11%）。美国能源信息署（EIA）于 2009 年 2 月预测，致密气技术可采储量达 309.58×10^{12}ft^3（87663.769×10^{8}m^3），占美国天然气总可采储量的 17% 以上。其中，50% 左右来自得克萨斯州南部，30% 来自落基山地区，其余主要来自二叠盆地和阿巴拉契亚盆地。

据美国能源信息署 2007 年数据，美国非常规天然气在天然气总产量中所占比例从 2004 年的 40% 将增加到 2030 年的 50%。1996—2006 年的十年里，是美国非常规天然气开发大发展的阶段。2006 年，非常规天然气产量上了一个新台阶，从 1996 年以前的 14×10^{9}ft^3/d（5×10^{12}ft^3/a）上升到 24×10^{9}ft^3/d（8.6×10^{12}ft^3/a），占美国天然气总产量的 43%，非常规气中，致密气产量达到 5.7×10^{12}ft^3（1614.069×10^{8}m^3）（图 1-8），几乎相当于煤层气、页岩气等其他几种非常规气的总和。1996—2006 年，三种非常规气资源的产量都有所增长，但致密气增加最快，产量接近 6×10^{9}ft^3/d（2.1×10^{12}ft^3/a）。页岩气增长比例较大，十年间翻了 3 倍。煤层气也从 1996 年的 3×10^{9}ft^3/d 增加到 5×10^{9}ft^3/d。2007 年，非常规天然气占美国天然气总产量的 44%，相当于非常规天然气年产量达到 8×10^{12}ft^3（2265.36×10^{8}m^3）。

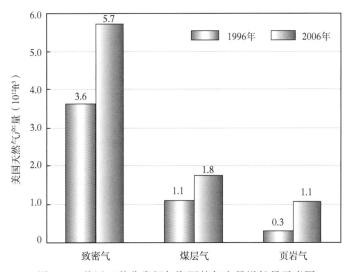

图 1-8 美国三种非常规气资源的年产量增长量示意图

非常规气产量的增长，主要是新发现天然气层带的大规模开发，以及几个新层带的发现。例如，随着大规模钻加密井和扩边，科罗拉多州的 Piceance 盆地的 Mesaverde 层产量已经从之前不足 0.1×10^{9}ft^3/d 上升到 1×10^{9}ft^3/d。随着棉花谷气田开发的扩大，得克萨斯州的致密砂岩气产量从之前的 1.5×10^{9}ft^3/d 上升到 3.6×10^{9}ft^3/d。受技术进步和持续的高气价推动，1996—2000 年，大约每年钻近 5000 口井；2005—2006 年，每年非常规气钻井超过 20000 口。其中，开发致密气钻井每年 13000 口，开发煤层和页岩气每年钻井均为 4000 口。

2. 国内分布状况

中国低渗透—致密砂岩气分布广泛，资源潜力巨大，第四次油气资源评价表明，中国陆上主要盆地致密砂岩气有利勘探面积 32×10^{4}km^2，总资源量为（17.0~23.8）×10^{12}m^3，可采资源量为（8~11）×10^{12}m^3，其中，鄂尔多斯盆地上古生界、四川盆地须家河组和塔里木盆地库车坳陷致密砂岩气地质资源量位列前三，分别为（5.88～8.15）×10^{12}m³、（4.3～5.7）×10^{12}m³和（2.69～3.42）×10^{12}m³，三者总和占全国致密砂岩气总量的75%（表1-2）（李建忠等，2012）。

表1-2　中国陆上主要盆地致密砂岩气资源预测汇总表

盆地	盆地面积 （10^4km²）	勘探 层系	勘探面积 （10^4km²）	资源量 （10^{12}m³）	可采资源量 （10^{12}m³）
鄂尔多斯	25	C—P	10	5.88～8.15	2.94～4.08
四川	20	T_3x	5	4.3～5.7	2.03～2.93
松辽	26	K_1	5	1.32～2.53	0.53～1.01
塔里木	56	J+K+S	6	2.69～3.42	1.48～1.88
吐哈	5.5	J	1	0.56～0.94	0.31～0.52
渤海湾	22.2	Es_{1-3}	3	1.48～1.89	0.59～0.76
准噶尔	13.4	J、P	2	0.74～1.2	0.30～0.48
合计	188.1		32	17.0～23.8	8.1～11.3

现实勘探开发的盆地有两个：一是鄂尔多斯盆地，盆地面积25×10^4km²，目的层石炭系—二叠系，有利面积10×10^4km²，资源量8.15×10^{12}m³；二是四川盆地，盆地面积20×10^4km²，目的层三叠系须家河组，有利面积5×10^4km²，资源量5.7×10^{12}m³。进行风险勘探开发的盆地有两个：一是松辽盆地，盆地面积26×10^4km²，目的层白垩系，有利面积5×10^4km²，资源量2.53×10^{12}m³；二是吐哈盆地，盆地面积5.5×10^4km²，目的层侏罗系，有利面积1.0×10^4km²，资源量0.94×10^{12}m³。准备勘探开发的盆地有三个：一是渤海湾盆地，盆地面积22.2×10^4km²，目的层古近—新近系沙河街组，有利面积3×10^4km²，资源量1.89×10^{12}m³；二是塔里木盆地，盆地面积56×10^4km²，目的层侏罗系、白垩系和志留系，勘探有利面积6×10^4km²，资源量3.42×10^{12}m³；三是准噶尔盆地，盆地面积13.4×10^4km²，目的层侏罗系，有利面积2×10^4km²，资源量1.2×10^{12}m³。

截至2010年底，中国共发现了低渗透—致密砂岩大气田15个（载金星等，2012），探明地质储量28656.7×10^8m³（表1-3），分别占全国探明天然气地质储量和大气田地质储量的37.3%和45.8%。2010年低渗透—致密砂岩气产量222.5×10^8m³，占当年全国产气量的23.5%。可见，中国低渗透—致密砂岩大气田总储量和年总产量已分别约占全国天然气储量和产量的三分之一和四分之一。

表1-3　中国低渗透—致密砂岩大气田基础数据（截至2010年数据）

盆地	气田	产层	地质储量 （10^8m³）	年产量 （10^8m³）	平均孔隙度（%） （样品数）	渗透率（mD） 范围/平均（样品数）
鄂尔多斯	苏里格	P_1sh、P_2x、P_1s_1	11008.2	104.75	7.163（1434）	0.001～101.099/1.284（1434）
	大牛地	P、C	3926.8	22.36	6.628（4068）	0.001～61.000/0.532（4068）
	榆林	P_1s_2	1807.5	55.30	5.630（1200）	0.003～486.000/4.744（1200）
	子洲	P_2x、P_1s	1152.0	5.87	5.281（1028）	0.004～232.884/3.498（1028）
	乌审旗	P_2xh、P_2x、O_1	1012.1	1.55	7.820（689）	0.001～97.401/0.985（687）
	神木	P_2x、P_1s、P_1t	935.0	0	4.712（187）	0.004～3.145/0.353（187）
	米脂	P_2sh、P_2x、P_1s_1	358.5	0.19	6.180（1179）	0.003～30.450/0.655（1179）

盆地	气田	产层	地质储量 （$10^8 m^3$）	年产量 （$10^8 m^3$）	平均孔隙度（%） （样品数）	渗透率（mD） 范围/平均（样品数）
四川	合川	T_3x	2299.4	7.46	8.45	0.313
	新场	J_3、T_3x	2045.2	16.29	12.31（1300）	2.560（>1300）
	广安	T_3x	1355.6	2.79	4.20	0.350
	安岳	T_3x	1171.2	0.74	8.70	0.048
	八角场	J、T_3x	351.1	1.54	7.93	0.580
	洛带	J_1	323.8	2.83	11.8（926）	0.732（814）
	邛西	J、T_3x	323.3	2.65	3.29	0.0636
塔里木	大北	K	587.0	0.22	2.62（5）	0.036（5）

2010年以来，中国低渗透—致密砂岩气的储量基础不断扩大，探明+基本探明储量近$5×10^{12} m^3$，2020年产量超过$500×10^8 m^3$。基于目前的资源基础和勘探开发现状，预计在今后相当长一段时期内，国内低渗透—致密气藏的储量增幅不大，但是随着技术的进步和经济效益指标的降低，部分低效储量将得到动用，因此低渗透—致密气藏的产量将保持稳中有升的发展趋势，产量增长将主要集中在鄂尔多斯、四川和塔里木三大盆地。

第四节　低渗透—致密砂岩气藏开发技术及发展趋势

低渗透—致密砂岩气藏已经得到了一定程度的成功开发，但在其具体开发过程中，仍然面临着巨大的挑战，这些挑战既有认识上的问题，又有技术方法上的问题，还有开发技术对策的问题。不管是何种问题，但归根到底，其最终追求的目标是对该类气藏制订的开发对策更加科学合理、经济有效。另外，低渗透—致密砂岩气藏的开发是一个系统工程，综合开发效益的提高，需要各个环节协同发展与进步；同时，在这些复杂的问题中，每一个环节都有一个或几个最为关键的困扰着开发技术水平提高的核心问题。正是基于这样的认识，笔者力求对每个关键问题的深入论述，以期在今后对类似气藏的开发起到很好的借鉴与参考作用，避免开发决策与开发技术对策上的失误。

一、气藏描述面临的挑战与发展趋势

气藏描述属于认识上的问题，即如何准确客观地认识气藏与储层的特征和规律，鉴于低渗透—致密砂岩气藏的特殊性，以及人们对该类气藏的认识程度，尚需在以下两个方面不断进行攻关与研究。

1. 气藏的成因及类型

气藏成因控制和影响气藏类型，气藏类型又直接控制气藏的形态、规模及范围。一般来讲，以岩性为主控因素的低渗透—致密砂岩气藏分布范围一般巨大，如苏里格气田；以构造为主控因素的低渗透—致密砂岩气藏一般是在一定的构造圈闭内，对于具有较大闭合高度与面积的构造而言，也可以形成相当规模的气藏，如大北气田、迪那气田等。但在整体比较平缓的地层条件下，这类气藏的形成受到相当的限制，只有在局部的次级构造高部

位可以形成气藏，不仅气藏规模受到了限制，往往还具有较高的含水饱和度，给开发带来相当大的难度。

2. 气藏的沉积体系与砂体类型

对这类气藏沉积体系的研究，主要是结合以下方面开展工作。

（1）沉积体系内部不同沉积相带的深入研究。这一研究的基本单元是微相，对应的砂体为成因单元。不仅要研究各成因单元砂体的类型，还要研究其规模、形态、方向性与展布规律。由于总体低渗透率且致密的沉积背景，在这种类型的储层中，砂体与有效砂体的规模有着极大的差异，有时有效砂体仅为砂体的一部分或一小部分（如苏里格有效砂体只约为砂体的三分之一），如果具有这一特征，对有效砂体的沉积特征与成因类型的研究将是重中之重。

（2）对有效储层控制因素的研究需要继续加强。对于该种类型的气藏而言，在开发过程中表现出的直接差异是物性的高低，但仅从这一参数很难做到对未钻井区的预测，所以建立不同微相单元与物性之间的关系是非常必要的，如果知道什么微相是有利的沉积相带，那么只要清楚地了解不同沉积体系各微相的形态、特征与规律，就可使得沉积相带控制下的有利储层发育带预测成为可能。

（3）地球物理对储层与气藏预测的重要性日益明显。由于低渗透—致密砂岩气藏强烈的非均质性，在气藏的不同部位差异性极大，从已开发的几个气藏来看，在气藏内部进一步的划分是非常必要的。地球物理预测一般分两个层次进行，首先是在气藏内部进行富集区选择，二是在富集区进行井位部署。通过多年的实践与技术攻关，对苏里格型气藏的预测已经取得了良好的效果，但对须家河组含水气藏的预测还要深入开展工作。就该项技术而言，在储层预测方面的可靠性是值得信赖的，下一步攻关的方向是在进一步提高储层预测精度的同时，进行流体饱和度的预测，同时，做好地质方法与地球物理方法的结合，真正做到在地质模式指导下的储层预测，以期取得更加可靠的效果。

（4）测井对低渗透储层的参数解释还需要进一步加强。低孔隙度、低渗透储层的参数解释一直是测井研究的重点与难点之一，在几个重要的参数中，孔隙度的解释是目前最为可靠的，渗透率的解释虽然一直作为攻关重点，但仍表现出较大的随意性与不确定性。对于气藏而言，由于气体极好的流动性及气水两相的极大差异性，除渗透率的解释仍然作为重点需要解释的参数之外，饱和度的解释（特别是可动水饱和度的解释）显得尤为重要。在今后的重点攻关中，气藏描述对测井的需要主要有以下方面：一是建立更加有针对性的测井图版，可以解释不同地质条件下的储层参数；二是更加准确地进行含气饱和度、含水饱和度解释，特别是可动水饱和度的解释；三是攻关致密储层的参数解释，为地质研究与气田开发提供准确可靠的参数体系。

二、产能评价技术与发展趋势

1. 产能试井评价技术

对于气藏产能评价，从目前来看，产能试井是比较常用且较准确的一种方法。气藏产能试井从常规回压试井发展到等时试井、修正等时试井，在测试时间、测试费用等方面有了很大的改进和创新，但仍有一个共同的问题，就是必须至少有一个产量数据点的压力必须达到稳定。对于低渗透—致密砂岩气藏来说，稳定测试点仍是一个巨大的挑战。一点法产能试井尽管只需测试一个稳定点的产量和压力，缩短了测试时间，减少了气体放空，节约了大量费用，是一种测试效率比较高的方法，但是对资料的分析方法带有一定的经验性和统计性，其分析结果误差较大。

从试井技术本身来讲，对于非均质性较强的低渗透—致密砂岩气藏而言，"多边界反应"造成的多解性问题、不稳定二项式产能直线斜率为负的问题及生产时间较长或产出量较大时地层压力的取值问题等，都需要从试井技术的发展、改进及资料的处理方法上来满足、适应低渗透—致密砂岩气藏产能评价的需要。

从气藏评价的现场要求来讲，产能试井方法的下一步发展应本着简单测试程序、操作方便、测试结果可靠，或者采用不稳定试井与产能试井不稳定部分的测试数据联合评价的方法，从而避开低渗透储层稳定测试点的尴尬问题。近年来，产能试井技术的发展非常缓慢，利用生产数据评价气井的实际生产能力已成为重要的攻关方向。

2. 用不同开发阶段的生产数据评价产能

对于均质无限大气藏而言，整个开发过程中，生产数据反映的气井生产规律和生产能力是一样的，与生产制度无关。但对于强非均质性的低渗透—致密砂岩气藏而言，气井生产的不同阶段却表现出不同的生产规律和生产能力。以苏里格气田为代表的低渗透—致密砂岩气藏，表现出明显的多段式的生产规律，不同阶段的生产规律反映了不同储层的渗流特性及生产能力。

对于低渗透—致密砂岩气藏来说，初期的生产数据一般不能真实地反映气井最终的生产能力。以苏里格气田透镜状有效储层分布模式为例，如果直井钻在相对高渗透层上，则初期的产量高，压力快速下降，接着产量也随之降低，表现出的生产能力是高渗透储层的储供能力。实际上，随着相对高渗透层压力的降低，当周围低渗透层与高渗透层的压差达到边界气体的启动压力时，低渗透层开始供气，即气井的生产能力有所增加。

对该类气藏，外围相对低渗透层流体启动后的生产数据，反映了该类气井最根本的生产特征。早期的采气速度较快，后来相对低渗透层的动用，导致气井"细水长流"，此时评价的控制储量越来越接近气井实际的最终累计产量。井底压力开始处于低压状态，但下降较慢，从压降曲线上看，在低压阶段有很大的生产能力，最终动用了初期认为不可能动用的储层，直接提高了气藏的采收率。因此，依据气井该阶段的生产数据评价的气井产能，可以有效地校正前期的评价结果，更重要的是这时的评价能合理地指导后期的生产制度和生产指标的制订。

低渗透气井进入生产后期，由于储层渗透性的降低、泄气范围内资源基础的减少及地层水或其他施工因素的影响，气井产量和压力都很低，现场一般会采取一些措施来延缓或维持气井的产量，如关井、改变生产制度、重复压裂等，这些措施的实施会对气井的生产能力有所改善，使气井产量有所增加。但如果要反复使用这些措施，气井产量会上下波动，给气井产能评价带来很大困难。常规评价方法对这一阶段的产能已经无法评价，即使有评价结果，也失去了原本产能的意义。

总的看来，不同生产阶段的产能反映了不同压力波及范围内储层的地质和渗流特征，产能评价方法和意义也是不同的，因此，低渗透—致密砂岩气藏的产能评价应该分不同阶段进行。而在实际生产中，利用初期生产数据评价气井产能是现场最需要的，原因是能有效地指导气井合理配产，确定合理的生产制度，以及指导或改进地面工程方案。在不进行产能试井、快速投产的情况下，怎样利用初期的生产数据来准确评价气井的生产能力呢？有关专家常采用经验统计法。针对某一个具体气藏，统计、总结探井、评价井或早期开发井的初期生产数据，评价气井生产能力与最终生产能力之间的相关关系，将这种关系应用到该气藏的其他新投产井上，从而预测出气井的最终产能。目前来看，这种经验方法能够对投产初期的气井产能进行评价，但是，在非均质性较强的低渗透—致密砂岩气藏中，不同气井钻遇的有效储层特征差异较大，经验方法的适用性受到质疑，况且经验方法缺少理论基础。从渗流理论和气藏工程角度去解决这一问题，将是以后的研究方向。

3. 单井生产规律与区块生产规律

对于生产区块中的单井，其生产规律与钻遇储层条件、稳产时间、配产量、压力降落速率、增产措施等因素有关。一口单井大致经历稳产、递减两个阶段。当配产合理时，气井都会有一定的稳产期，稳产时间的长短受钻遇储层条件、配产量等因素影响；当单井配产较高，超出钻遇储层的供给能力时，稳产时间就会很短，很快就进入递减阶段。

在国内，为了满足产量需求，单井一般是先定产生产，待压力降到一定值，不能满足定产条件时，转为定压生产。此时，产量开始递减。单井递减规律有 Arps 提出的三种经典递减规律，即指数递减、双曲线递减及调和递减，以及后人在三种经典递减规律的基础上提出的修正双曲线递减、衰竭递减等。低渗透气井产量递减阶段一般很长，递减规律也不是一成不变的。在递减阶段的不同时期，可能有不同的产量递减规律。总的来看，产量递减速率是逐渐减小的，单位压降产量是逐渐增加的。准确认识气井不同产量递减阶段的递减规律，对预测气井未来的产量具有重要的指导意义。

整个区块的生产规律受单井生产规律的影响，但又不同于单井。区块开发的实际经验表明，无论何种储集类型、何种驱动类型和开发方式，就区块开发的全过程看，产量都可以划分为上升期、稳定期、递减期。产量上升期主要受建井时间及建产井产量的影响，即开发方案中的建产期。区块产量稳定阶段，其中的部分单井可能处于产量递减阶段，但有新投产井（井间加密或新区块）弥补产量递减，整体保证区块的产量稳定。产量稳定期的长短主要受建产规模、钻井总数、单井产能等因素决定。区块产量递减阶段即新井投产或老井增产已无法弥补老井的产量递减，区块开始进入整体产量递减。区块产量的递减规律分析方法同样采用 Arps 的研究成果，就是用统计方法对产量变化的信息加工，虽然对这些变化的机理尚不清楚，但通过对生产数据的加工处理，就可以在某种程度上揭示气藏中出现的一些问题的本质。从而可以从根本上解决这些问题，预测区块的未来产量和累计采出量，更有效地指导气田的合理开发。

4. 合理采气速度

合理的采气速度应以气藏储量为基础，以气藏特征为依据，以经济效益为出发点，尽可能满足实际需要，保证较长时期的平稳供气，并获得较高的采收率。研究方法一般首先建立气藏三维地质模型，再对气藏的实际生产历史进行拟合，定量确定出气藏参数分布和气井参数，在此基础上，利用开发指标、经济指标来优化采气速度。

对于无边（底）水的弹性均质低渗透砂岩气藏，采气速度的大小完全受气藏弹性能量大小和渗流供给能力的影响。这样的气藏，在储层渗流补给能力允许的范围内，采气速度对其最终采收率影响不大，因此可适当加大采气速度。如中国石油长庆油田公司与壳牌石油公司合作开发的长北气田采气速度是 3.68%，其地层压力和生产情况良好。

对于边水、底水不活跃的非均质性弹性低渗透—致密砂岩气藏，可以作为气驱气藏开发，但由于其地质特征的复杂性，采气速度的大小会影响气藏的最终采收率。苏里格气田相对高渗透的有效储层，土豆状分布在大面积的致密砂岩储层中，这种地质特征决定了即使气井钻在了相对高渗层上，单井初始产能较高，可以以较高的速度开采，但是其储量和能量有限，难以保持较长的稳产期，这是因为，低渗透区的渗流与相对高渗透区相比存在"滞后现象"，不能及时供给，这势必引起气藏过早进入递减期，因此采气速度的大小对这类气藏的稳产期影响很大，但对气藏的最终采收率影响不大，因为气藏的最终采收率决定于废弃条件。苏里格气田考虑8~10年的稳产期，其合理的采气速度为1.3%左右。

对于边水、底水活跃的裂缝—孔隙型非均质性低渗透—致密砂岩气藏，采气速度的大小直接影响气藏的开发效果和最终采收率。四川盆地西部地区须家河组低渗透—致密砂岩气藏属构造控制的断层—背斜气藏，储层类型为裂缝—孔隙型，裂缝和储层的有效搭配是气井获得高产的重要条件。气藏普遍具有边水或底水，水体较活跃，水侵方式为沿裂缝水窜，气井见水后产能下降明显，因此，气藏开发过程中应严格控制采气速度（2%以下），以避免气藏过早见水，造成恶性水淹，影响总体开发效果和最终采收率。中坝气藏优化合理采气速度为1.49%，但投产后气藏很快出水，导致方案未实施，最后通过充分掌握地层水活动规律，实施了科学合理的侧向堵水、排水采气方案，最终获得了较高的开发效果和较高的采收率。平落坝气田方案设计合理采气速度为1.36%，而实际采气速度超过了设计值，结果造成裂缝水窜，所有气井出水，气藏整体进入带水采气期，这是开发方案未预见的。气藏稳产期提前结束，产量开始递减。邛西气田方案设计合理采气速度为1.1%，投产后仍造成气藏早期出水。因此，对于边（底）水活跃的裂缝—孔隙型非均质低渗透—致密砂岩气藏，严格控制采气速度，结合堵水、排水措施，充分利用地层能量、发挥裂缝高渗透优势、保持高产稳产、提高最终采收率的最有效途径。

总的来看，对于无边（底）水或边（底）水不活跃的低渗透—致密砂岩气藏，采气速度主要由稳产期决定，其对气藏最终采收率影响不大；而对于边（底）水活跃的低渗透—致密砂岩气藏，特别是有裂缝发育的储层，采气速度的大小能有效地防止底水锥进、边水侵入，充分利用地层能量为宜。

三、水平井技术及发展趋势

中国天然气水平井开发技术近年发展迅速，但与国外先进技术水平相比，还有很大的提升空间。进一步提高水平井技术的应用水平，应从三个方面加强技术攻关和试验。

（1）水平井轨迹优化设计。加强三维地震气层预测技术的应用，形成气藏三维结构数据体指导井眼轨迹优化设计；需要结合中国致密砂岩气多薄层的地质特征，突破水平井单一井型，开展阶梯、分支等多种类型的水平井攻关试验，进一步完善水平井井型与储层展布的匹配性试验，提高储量动用程度。

（2）进一步发展水平井分段改造技术。在工具和压裂液体系技术发展的基础上，需要系统开展压裂效果检测和评价研究，改进压裂工艺，提高改造波及体积并避免含水层的影响；在有利的地应力场条件下，开展体积压裂技术攻关，最大限度地提高储层改造效果。

（3）探索降低水平井建井成本的新途径，提升开发效益。另外，提高单井产量要与提高气藏储量整体动用程度综合考虑，进行井型井网的优化设计，在气层厚度大、丰度高的区块应继续探索直井多层改造技术的应用。

四、开采工艺技术方面面临的挑战与发展趋势

最近若干年，由于低丰度、低渗透气田开发规模的不断扩大，通过储层改造获得较高产能成为必然选择，由此推动了储层改造工艺技术的快速发展。目前在压裂液体系设计与支撑剂选择、储层改造规模、裂缝控制与监测、直井分层压裂和水平井多段压裂方面都取得了突出的进展。然而，由于面对的开发对象日益复杂，对开采技术工艺也提出了越来越高的要求，也明确了该技术领域的重点发展方向。

1. 压裂液体系研究面临的挑战与发展趋势

压裂液设计作为储层改造中关键技术之一，在储层改造中的作用极为明显，而且其追求的一贯思路也是非常明确的，即首先是压裂液的性能，这当中包括要具有较长时间的稳定性，特别是高温、高压情况下性能的稳定；其二是较小的污染性或对地层的伤害小，这对低渗透储层的改造是特别重要。通过目前的研究证实，储层改造过程中对地层造成的伤害相当程度上是不可逆的，即部分伤害将是永久的；第三是要具有较好的返排效果，返排效果的好坏用两个指标来衡量，一是返排时间，二是返排率，即要求在相同的施工条件下，较短时间内具有较高的返排率。除了对压裂液体系优质的性能指标追求外，更为廉价的产品设计也是非常重要的，特别是对于储量丰度低和开发难度较大的气藏，经济指标始终都是生产作业者面对的巨大问题，因此，未来压裂液体系的发展方向必然是更加优质高效的性能与更低廉的价格。

对于支撑剂而言，目前国内及进口支撑剂基本能满足储层改造后对裂缝的支撑作用，但实际生产对支撑剂支撑作用的要求是更大的强度、更长的有效时间和更加合理的价格，特别是伴随着国内大批低渗透气田的开发，材料的国产化是必然要求，对能够适应特殊条件（如高温、高压）的特种支撑剂的开发，也将是未来的主要方向之一。

2. 储层改造规模面临的挑战与发展趋势

在均质的地质模型条件下，压裂规模越大，泄流面积也越大，改造效果也就越好。低渗透—致密储层改造规模一定要与被改造地质体的客观面貌结合起来，才能达到最佳的经济技术效果。如苏里格气田这样有效砂体规模小、分布较为分散的气藏，目前的改造工艺尚不具备沟通不同有效砂体的能力，只能对井所钻遇到的砂体达到改造效果，最终回归到适度规模的压裂这一方式上来，并取得了良好的效果。由此，在压裂规模上，结合所改造对象进行压裂规模设计，今后仍将是努力发展的方向。

3. 裂缝控制与监测面临的挑战与发展趋势

储层改造是一个地质条件与工程设计紧密结合的过程，在相同的改造规模条件下，裂缝的条数、规模和产状是最重要的参数，如何达到设计要求的裂缝状态，需要充分考虑施工条件、地层结构与地应力条件，只有充分认识到这些因素，才能提高裂缝控制水平，提高储层改造效果。同时，裂缝监测也是目前面临的主要问题之一，特别是埋藏深度超过3000m 的裂缝监测，难度比较大，只有通过科学方法，掌握了已施工井的裂缝延伸情况，才能为下一步储层改造提供更好的设计参数与技术要求，真正做到储层改造的可控性。

4. 直井分层压裂与水平井多段压裂改造技术

对于层状特征较为明显的低渗透—致密砂岩气藏，无论是直井分层压裂还是水平井多

段压裂改造，目的都是最大限度地打开所钻遇的储层，提高储量动用程度。压裂改造技术早在 20 世纪 90 年代美国开始实施，2000 年以后采用连续油管逐层分压、合层排采技术，产量大幅度提升。近年来，主要形成了水力喷射分段压裂技术、裸眼封隔器分段压裂技术和快钻桥塞分段压裂技术，其中裸眼封隔器分段压裂技术得到广泛应用。经过几十年的发展，国外低渗透—致密气藏改造技术已基本成熟，国内在这方面的发展也紧跟国际步伐，与国外的差距不断缩小，从压裂改造能力上都可以实现水平井 20 段以上、直井 15 层以上。未来压裂改造技术将向着不限改造级数、低伤害、低成本连续高效作业方向发展。

第二章 低渗透—致密砂岩气藏开发地质特征

与常规砂岩气藏相比，低渗透—致密砂岩气藏在沉积背景、储层特征及砂体结构上既有共同点，又有其自身的特点。无论何种砂岩储层，都是陆源碎屑岩的沉积产物，因而具有碎屑岩储层的共性特征。由于低渗透—致密气藏储层通常埋藏深度较大、成岩作用强，导致储层物性变差，有效储层的规模尺度小、分布样式和叠置模式更加复杂，这些开发地质特征直接影响到气藏的高效开发方式。

第一节 储层岩石学特征

一、沉积特征

在鄂尔多斯盆地宽缓的构造背景下，上古生界沉积了厚层的河流—三角洲沉积体系。太原组沉积时期发育大型潮控三角洲沉积体系，呈现出海陆过渡带型的沉积体系组合；山2段沉积时期发育北部和南部两大海相三角洲沉积体系，山1段沉积时期，海水退出鄂尔多斯盆地，发育湖相三角洲沉积体系；盒8段沉积时期则主要发育辫状河沉积体系（图2-1）。

太原组沉积时期发育的潮控三角洲沉积可划分为三角洲平原、三角洲前缘及前三角洲，三角洲平原亚相发育分流河道、分流间湾、沼泽三种微相，三角洲前缘亚相发育水下分流河道、分流间湾、河口坝、远沙坝及席状砂等微相，前三角洲亚相主要微相类型为前三角洲泥；山西组沉积时期发育河控三角洲沉积体系，可划分为三角洲平原、三角洲前缘及前三角洲三种亚相，三角洲平原亚相发育分流河道、分流间湾、沼泽三种微相，三角洲前缘亚相发育水下分流河道、分流间湾等微相，前三角洲亚相主要发育前三角洲泥（表2-1）。盒8段沉积时期沉积环境发生明显转变，辫状河沉积体系普遍发育，主要亚相为河床、河漫两种，河床亚相发育辫状河道、心滩微相，河漫亚相则发育泛滥平原、溢岸微相（表2-2）。

表2-1 鄂尔多斯盆地太原组—山西组沉积时期沉积微相划分

相	亚相	微相
潮控/河控三角洲	三角洲平原	分流河道
		分流间湾
		沼泽
	三角洲前缘	水下分流河道
		河口坝
		远沙坝、席状砂
		分流间湾
	前三角洲	前三角洲泥

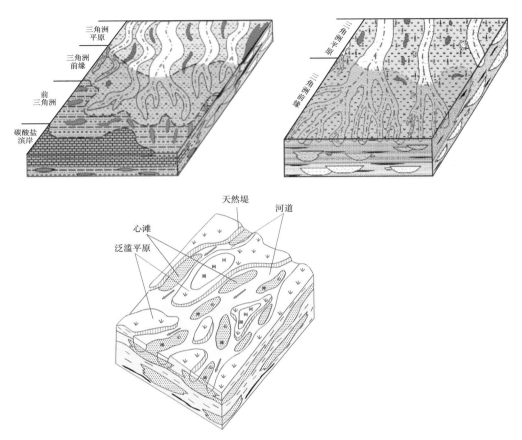

图 2-1　鄂尔多斯盆地太原组沉积时期、山西组沉积时期、盒 8 段沉积时期沉积模式

表 2-2　鄂尔多斯盆地盒 8 段沉积时期沉积微相划分

沉积相	亚相	微相
辫状河	河床	辫状河道
		心滩
	河漫	泛滥平原
		溢岸

受沉积环境影响，鄂尔多斯地区盒 8 段至太原组上古生界砂岩普遍发育，岩性从粉砂岩到砂砾岩均有分布。对于低渗透—致密砂岩气藏而言，能形成有效储层的岩性主要为粗砂岩、含砾粗砂岩相，为三角洲前缘三角洲及平原亚相的分流河道微相中下部沉积、辫状河心滩、辫状河道底部沉积（图 2-2）。

二、岩性特征

鄂尔多斯地区上古生界砂岩类型主要包括岩屑石英砂岩、长石砂岩和岩屑砂岩三类（图 2-3）。受鄂尔多斯盆地北部不同物源区的影响，盆地不同区域或同一区域不同位置及不同层位上述各类岩石的比例具有一定差异。苏里格地区中区、西区等区块，储层岩石类

（a）神木地区，双18井，太原组，　　（b）苏里格地区，苏6井，盒8段，　　（c）苏里格地区，苏26井，盒8段，

三角洲分流河道，粗砂岩　　　　　　　心滩，粗砂岩　　　　　　　辫状河底部，含砾粗砂岩

图 2-2　鄂尔多斯盆地低渗透—致密砂岩气藏有效储层沉积特征

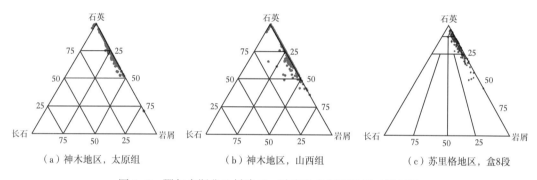

（a）神木地区，太原组　　　　　　（b）神木地区，山西组　　　　　　（c）苏里格地区，盒8段

图 2-3　鄂尔多斯盆地低渗透—致密砂岩气藏砂岩三端元图

型以岩屑石英砂岩、石英砂岩为主，东区以岩屑砂岩、岩屑石英砂岩为主。神木地区山西组山 1 段主要为岩屑石英砂岩和岩屑砂岩，少量石英砂岩；山 2 段主要为岩屑石英砂岩和石英砂岩，少量岩屑砂岩；太原组也主要为岩屑石英砂岩和石英砂岩，从太 2 段到太 1 段，岩屑砂岩比例降低，砂岩成熟度升高。岩屑成分组成主要为变质岩岩屑，其次为岩浆岩岩屑和沉积岩岩屑。变质岩岩屑以石英岩和塑性较强的千枚岩为主，其次为变质砂岩（图 2-4）。

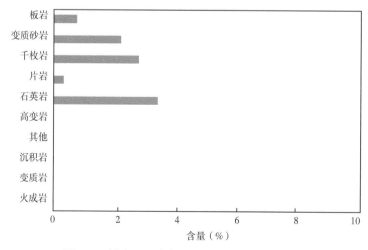

图 2-4　低渗透—致密砂岩气藏储层岩屑成分图

填隙物包括杂基和胶结物两部分。苏里格地区储层杂基主要为黏土矿物，包括高岭石、水云母和绿泥石。其中，水云母和高岭石含量较高，绿泥石含量较少。盒8段、山1段储层杂基含量相差不大，水云母平均含量为5.86%~6.04%，高岭石平均含量为2.19%~2.53%，绿泥石平均含量为1.06%~1.16%（表2-3）。

表2-3　苏里格地区盒8段、山1段储层填隙物含量统计表

层位	杂基（%）			胶结物（%）				
	高岭石	水云母	绿泥石	硅质	方解石	铁方解石	菱铁矿	凝灰质
盒8段	2.53	6.04	1.06	2.79	0.36	1.80	—	0.71
山1段	2.19	5.86	1.16	1.85	0.52	2.47	0.36	0.56

胶结物是碎屑岩中以化学方式形成于粒间孔隙中的自生矿物，主要包括硅质和碳酸盐胶结物。硅质胶结是苏里格地区盒8段、山1段储层普遍存在的胶结物，平均含量为1.9%~5.2%，由于硅质胶结物难以溶解，后期溶解作用难以产生次生孔隙，对储层的物性影响较大；碳酸盐胶结物有方解石、铁方解石和菱铁矿，含量一般为0.36%~2.47%，其中铁方解石含量相对较高，而菱铁矿胶结物含量极少，盒8段几乎没有，山1段平均含量为0.36%。另外还有少量的凝灰质，主要为胶结物产状的火山灰，平均含量一般在0.6%左右。神木地区砂岩填隙物以水云母为主，其次是硅质、高岭石、铁方解石、铁白云石等。

三、成熟度特征

鄂尔多斯盆地低渗透—致密砂岩气藏储层以砂岩、含砾砂岩为主，粗粒砂岩沉积序列底部普遍含陆源砾石，反映沉积水体能量较强。丛C—M图上可以看出M值一般大于200μm，反映出沉积物粒度粗、水动力较强的典型河流相搬运沉积机制（图2-5）。粒度概率累计曲线图中多以二段式为主，其次为三段式，均以滚动和跳跃组分为主，同样反映沉积环境水动力较强的特点（图2-6）。

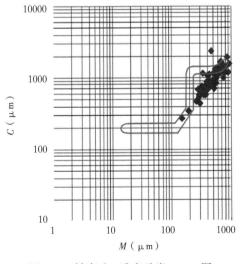

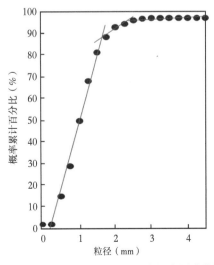

图2-5　低渗透—致密砂岩C—M图　　　图2-6　低渗透—致密砂岩粒度概率累计曲线

　　主力层位砂岩分选中等，磨圆为次棱角状—次圆状，胶结方式以孔隙式为主。不同层位砂岩接触关系略有差异，盒 8 段、山西组砂岩颗粒结构以点接触为主，太原组则以点接触、点—线接触为主（表 2-4，图 2-7、图 2-8）。

表 2-4　低渗透—致密砂岩气藏砂岩结构参数统计表

层位	分选	磨圆度	胶结方式	接触关系
盒 8 段、山西组	中等	次棱角状—次圆状	孔隙式	点
太原组	中等	次棱角状—次圆状	孔隙式	点、点—线

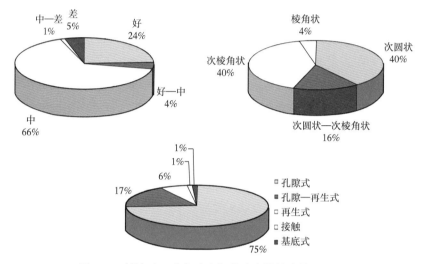

图 2-7　低渗透—致密砂岩气藏砂岩结构参数饼状图

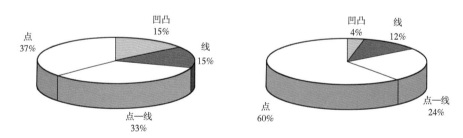

图 2-8　低渗透—致密砂岩气藏碎屑颗粒接触关系饼状图

第二节　储集空间特征

一、孔隙类型

　　低渗透—致密砂岩气藏储层孔隙类型主要为粒间孔、溶蚀孔、晶间孔等（图 2-9），溶蚀孔可进一步分为粒间溶孔、岩屑溶孔、长石溶孔、杂基溶孔等。受砂岩碎屑颗粒组分、成岩环境等因素综合影响，不同地区孔隙类型差异较大。苏里格地区苏中、苏西地区的储集空间以溶蚀孔、晶间孔、粒间孔组合为主，面孔率及平均孔径较大，储集条件较好；苏东地区的储集空间以晶间孔、溶蚀孔为主，面孔率及平均孔径较小，储集条件较差（表2-5、图2-10）。神木地区不同区块、不同层位发育的孔隙类型差异明显，太原组孔隙类型以岩屑溶孔为主，山西组则以岩屑溶孔、晶间孔为主（图2-11）。

统27井，2660.36m，粒间孔，孔隙度10.2%，渗透率1.57mD

召45井，3138.52m，粒间孔、溶蚀孔，孔隙度16.6%，常压渗透率1.43mD

统32井，2717.16m，溶蚀孔、晶间孔，孔隙度13.3%，渗透率0.80mD

召32井，3133.34m，溶蚀孔、晶间孔，孔隙度12.6%，渗透率0.71mD

图 2-9　低渗透—致密砂岩储层孔隙结构类型

表 2-5　苏里格地区盒 8 段、山 1 段储集空间统计表

地区	粒间孔（%）	溶孔（%）					晶间孔（%）	面孔率（%）	平均孔径（μm）
		粒间溶孔	长石溶孔	火山物质溶孔					
				岩屑溶孔	杂基溶孔	收缩孔			
西区	0.2	0.2	0.1	0.9	0.2	0.1	0.5	2.2	49
中区	0.4	0.0	0.2	1.2	0.4	0.2	0.5	2.9	72
东区	0.1	0.1	0.2	0.7	0.2	0.1	0.4	1.8	34

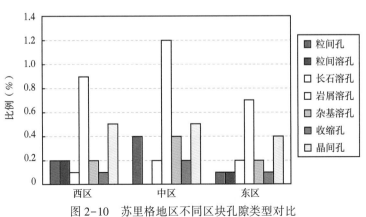

图 2-10　苏里格地区不同区块孔隙类型对比

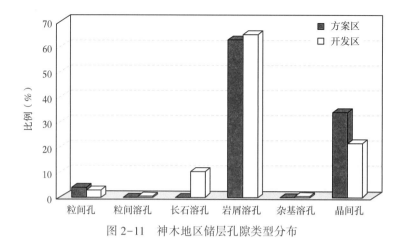

图 2-11 神木地区储层孔隙类型分布

二、孔隙微观特征

油气储层孔隙可分为毫米级孔隙（>1mm）、微米级孔隙（1μm~1mm）、纳米级孔隙（<1μm）三种类型，前人的研究结果表明，低渗透—致密砂岩储层的孔隙半径普遍较小，纳米级孔隙占总孔隙体积比例较高，是低渗透—致密砂岩储集空间的重要组成部分。

结合电子显微镜扫描技术，分析了苏里格、神木等地区储层的孔隙级别和类型。分析表明，低渗透—致密砂岩储层的储集空间主要由微米级和纳米级的孔隙组成。微米级孔隙的孔隙半径主要介于1~100μm，主要为粒间孔、溶蚀孔、晶间孔等微米级孔隙（图2-12）。粒间孔的孔隙半径介于30~100μm，溶蚀孔的孔隙半径一般小于15μm，是由大小不同的一系列蜂窝状溶蚀孔组成，晶间孔相对较小，一般小于10μm，主要是高岭石、伊利石、绿泥

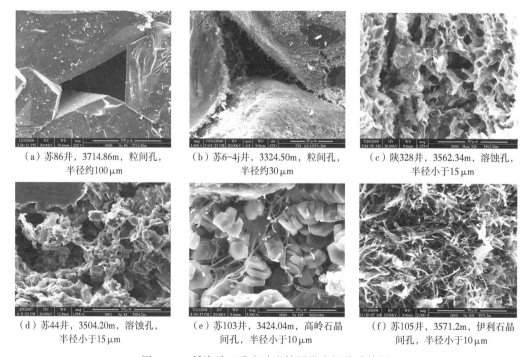

（a）苏86井，3714.86m，粒间孔，半径约100μm　　（b）苏6-4j井，3324.50m，粒间孔，半径约30μm　　（c）陕328井，3562.34m，溶蚀孔，半径小于15μm

（d）苏44井，3504.20m，溶蚀孔，半径小于15μm　　（e）苏103井，3424.04m，高岭石晶间孔，半径小于10μm　　（f）苏105井，3571.2m，伊利石晶间孔，半径小于10μm

图 2-12 低渗透—致密砂岩储层微米级孔隙特征

石等自生黏土矿物晶间相对较大的微孔隙。纳米级孔隙的孔隙半径小于1μm，主要为绿泥石、高岭石、伊利石、微晶石英、长石及黄铁矿等自生矿物晶间隙和颗粒、硅质、钙质及黏土矿物等遭受溶蚀而形成的溶蚀纳米孔（图2-13）。低渗透—致密砂岩储层的孔隙主要由微米级孔隙和纳米级孔隙组成，孔隙半径总体小于100μm，表现出从百微米级至纳米级尺度的分布特征。

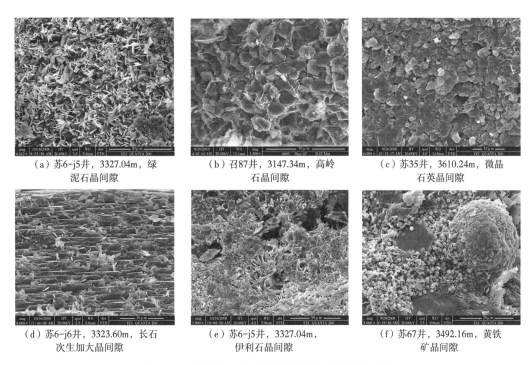

（a）苏6-j5井，3327.04m，绿　　（b）召87井，3147.34m，高岭　　（c）苏35井，3610.24m，微晶
泥石晶间隙　　　　　　　　　　　石晶间隙　　　　　　　　　　　　石英晶间隙

（d）苏6-j6井，3323.60m，长石　（e）苏6-j5井，3327.04m，　　　（f）苏67井，3492.16m，黄铁
次生加大晶间隙　　　　　　　　　伊利石晶间隙　　　　　　　　　　矿晶间隙

图2-13　低渗透—致密砂岩储层纳米级孔隙特征

三、孔喉结构特征

压汞实验是开展储层孔喉结构研究的有效方法。与常规砂岩储层相比，低渗透—致密砂岩储层表现出中值半径较小、排驱压力大、最大进汞饱和度低的特征。鄂尔多斯地区低渗透—致密储层平均中值半径0.15μm，平均排驱压力为1.17MPa，平均最大进汞饱度为66.4%（表2-6）。一般而言，储层物性越好品质越高，最大进汞饱和度越大、中值半径越大、排驱压力越低（图2-14）。

表2-6　低渗透—致密储层孔隙结构数据表

区域	层位	孔隙度（%）	渗透率（mD）	中值半径（μm）	分选系数	变异系数	排驱压力（MPa）	最大进汞饱和度（%）
苏里格	盒8段	6.48	0.73	0.07	2.71	0.33	0.95	60.52
	山1段	7.05	0.74	0.07	2.17	0.25	0.98	60.68
神木	山2段	6.93	0.81	0.16	1.93	0.18	1.15	64.29
苏里格	山2段	6.37	0.54	0.09	1.94	0.22	2.22	61.73
神木	太原组	7.97	0.53	0.24	1.97	0.20	0.74	76.67

（a）Ⅰ类，双14井，2752.53m

（b）Ⅱ类，双54井，2819.88m

（c）Ⅲ类，双54井，2819.88m

图2-14　低渗透—致密砂岩储层压汞曲线特征

　　分析表明，最大进汞饱和度、排驱压力同常压渗透率也具有较好的函数关系（图2-15、图2-16）。函数关系式如下：

$$S_{Hg} = 11.753\ln K + 82.601 \tag{2-1}$$

$$p_{排} = 0.6393 K^{-0.335} \tag{2-2}$$

式中　S_{Hg}——最大进汞饱和度，%；

　　　$p_{排}$——排驱压力，MPa；

　　　K——渗透率，mD。

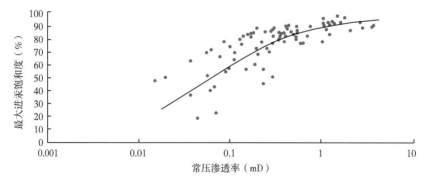

图2-15　低渗透—致密砂岩储层最大进汞饱和度与渗透率关系

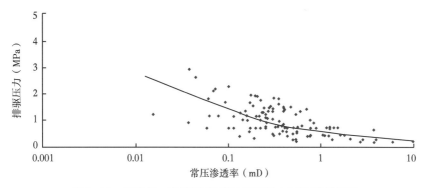

图 2-16　低渗透—致密砂岩储层排驱压力与渗透率关系

　　基于上述关系函数关系，即可计算获得任意常压渗透率储层的最大进汞饱和度和排驱压力。

　　分析表明，常压渗透率 0.01mD、0.1mD、0.5mD、1mD 的储层对应的最大进汞饱和度分别为 25%、60%、75%、85%，对应的排驱压力分别为 2.8MPa、1.5MPa、1MPa、0.5MPa。随着渗透率的增加，最大进汞饱和度逐渐增加，排驱压力逐渐减小。

第三节　储层物性特征

一、孔隙度特征

　　结合大量的储层物性实验分析资料，开展低渗透—致密气藏储层孔隙度分析。根据苏里格东区 7688 个样品、苏里格中区 447 个样品、苏里格西区 2654 个样品的物性资料，统计分析了盒 8 段、山 1 段储层孔隙度的分布特征（图 2-17）。分析表明，孔隙度主要分布

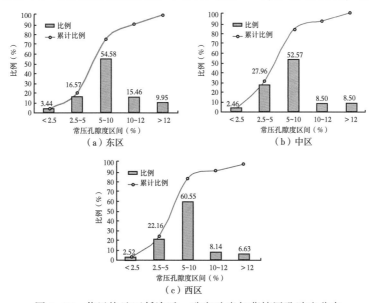

图 2-17　苏里格地区低渗透—致密砂岩气藏储层孔隙度分布

于 2.5%～12% 之间，分布于 5%～10% 之间的样品比例最大，占到了样品总数的 52.57%～60.55%，平均孔隙度为 7.8%。

结合神木地区 579 块储层物性资料，开展孔隙度评价。分析表明，太原组储层孔隙度主要分布于 2.0%～10.0% 之间，最大值为 14.9%，最小值为 0.74%，平均值为 7.1%。山西组储层孔隙度分布与太原近似，最大值为 16%，最小值为 0.66%，平均值为 5.53%（图 2-18）。

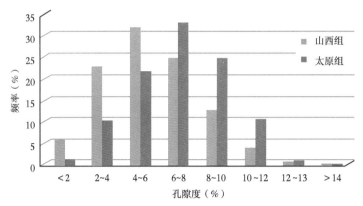

图 2-18　神木地区低渗透—致密砂岩气藏储层孔隙度分布

二、渗透率特征

分析表明，苏里格地区盒 8 段、山 1 段的渗透率主要分布于 0.1～1mD 之间，分布于 0.1～0.5mD 之间的样品比例最大，占到了样品总数的 44.55%～59.11%，平均渗透率为 0.39mD（图 2-19）。神木地区太原组的渗透率分布于 0.05～1.5mD 之间，最大值为

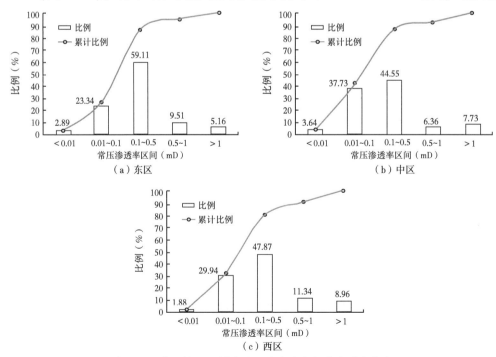

图 2-19　苏里格地区低渗透—致密砂岩气藏渗透率分布

2.1mD，最小值为 0.003mD，平均值为 0.20mD。山西组的渗透率分布与太原组接近，最大值 2.05mD，最小值一般为 0.004mD，平均值为 0.729mD（图 2-20）。

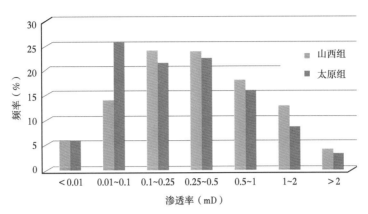

图 2-20 神木地区低渗透—致密砂岩气藏渗透率分布

低渗透—致密砂岩储层渗透率表现出覆压敏感性特征。为明确低渗透—致密储层在覆压下的渗透率变化规律，在 10～60MPa 的净围覆压条件下对常压渗透率介于 0.003～3.89mD 的 58 块样品进行了覆压分析。实验分析表明，净围覆压越大，渗透率的减小幅度越大（图 2-21）。

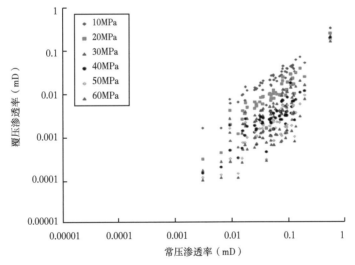

图 2-21 低渗透—致密砂岩气藏储层覆压渗透率变化特征

研究分析发现，在 50～60MPa 范围接近实际地层压力的条件下，地层渗透率的 1/2 次方与常压渗透率表现出较好的幂函数关系（图 2-22），即：

$$K_{\mathrm{p}}^{1/2} = 0.3739 K^{0.7474} \qquad (2-3)$$

式中 K——常压渗透率，mD；

K_{p}——地层渗透率，mD。

基于上述关系，在已知 K 的情况下，即可计算出 K_{p}，可为地层渗透率的计算提供了有效手段。

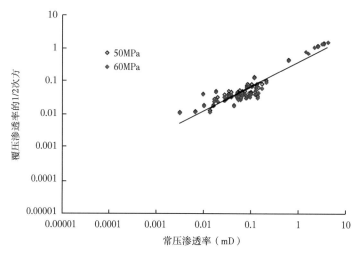

图 2-22　低渗透—致密砂岩气藏地层渗透率与常压渗透率关系

三、孔渗关系

基于物性分析实验数据，对苏里格、神木等地区致密砂岩储层的孔渗关系进行了分析。分析发现，孔隙度与渗透率在半对数坐标上表现出明显的三段式线性关系，在孔隙度5%、渗透率0.1mD的位置和孔隙度2.5%、渗透率0.01mD的位置存在明显拐点（图2-23）。

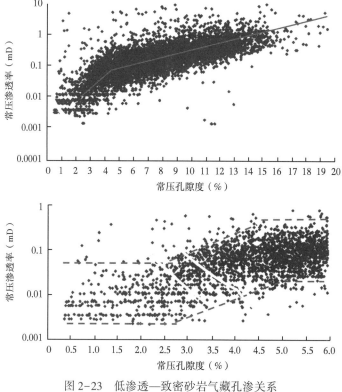

图 2-23　低渗透—致密砂岩气藏孔渗关系

当孔隙度大于5%时，随孔隙度的减小，渗透率明显减小，这是因为当孔隙度减小时，储层的喉道也随之变窄，从而降低了储层的渗流能力；当孔隙度介于2.5%~5%时，随孔隙度减小渗透率急剧减小，在较小的孔隙度范围内渗透率发生了数量级的变化，这可能是因为此时储层喉道变窄已经严重影响了储层的渗流能力；当孔隙度小于2.5%时，随孔隙度的减小，渗流率的变化趋于平缓。

四、物性影响因素

根据622块样品的薄片鉴定资料，分析了碎屑颗粒的相对含量、砂岩粒度等对储层物性的控制作用。分析表明，碎屑颗粒的相对含量对储层物性的有一定的控制作用，但并非十分明显。岩屑砂岩、岩屑石英砂岩、石英砂岩三种砂岩中石英颗粒的相对含量逐渐增加，在粗粒砂岩、中粒砂岩、细粒砂岩样品中，分布于各渗透率区间的石英砂岩、岩屑石英砂岩、岩屑砂岩样品比例的大小见表2-7至表2-9，差异并不明显。

表2-7　粗粒砂岩各渗透率区间样品数量及比例（401个样品）

渗透率区间（mD）	样品个数			比例（%）		
	石英砂岩	岩屑石英砂岩	岩屑砂岩	石英砂岩	岩屑石英砂岩	岩屑砂岩
<0.01	0	0	0	0.0	0.0	0.0
0.01~0.05	10	18	7	20.0	10.5	3.9
0.05~0.1	4	21	16	8.0	12.3	8.9
0.1~0.3	12	60	89	24.0	35.1	49.4
0.3~0.5	4	28	35	8.0	16.4	19.4
0.5~0.75	5	19	15	10.0	11.1	8.3
0.75~1	6	4	8	12.0	2.3	4.4
>1	9	21	10	18.0	12.3	5.6

表2-8　中粒砂岩各渗透率区间样品数量及比例（198个样品）

渗透率区间（mD）	样品个数			比例（%）		
	石英砂岩	岩屑石英砂岩	岩屑砂岩	石英砂岩	岩屑石英砂岩	岩屑砂岩
<0.01	1	0	0	2.4	0.0	0.0
0.01~0.05	6	14	17	14.3	18.7	21.0
0.05~0.1	8	22	8	19.0	29.3	9.9
0.1~0.3	19	28	41	45.2	37.3	50.6
0.3~0.5	5	7	10	11.9	9.3	12.3
0.5~0.75	3	3	4	7.1	4.0	4.9
0.75~1	0	0	0	0.0	0.0	0.0
>1	0	1	1	0.0	1.3	1.2

表 2-9　细粒砂岩各渗透率区间样品数量及比例（23 个样品）

渗透率区间（mD）	样品个数			比例（%）		
	石英砂岩	岩屑石英砂岩	岩屑砂岩	石英砂岩	岩屑石英砂岩	岩屑砂岩
<0.01	3	3	0	21.4	33.3
0.01~0.05	5	3	0	35.7	33.3
0.05~0.1	4	1	0	28.6	11.1
0.1~0.3	2	1	0	14.3	11.1
0.3~0.5	0	1	0	0.0	11.1
0.5~0.75	0	0	0	0.0	0.0
0.75~1	0	0	0	0.0	0.0
>1	0	0	0	0.0	0.0

分析表明，砂岩粒度对储层物性的控制作用较为明显，随着砂岩粒度的变粗，物性较好的储层的比例增加（图 2-24 至图 2-27）。粗粒砂岩样品渗透率大于 0.01mD、0.1mD、

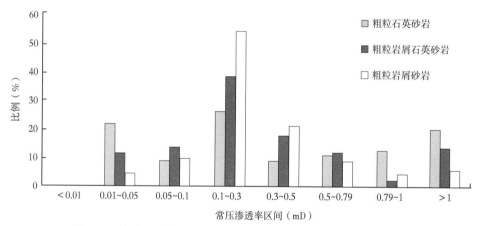

图 2-24　粗粒砂岩各渗透率区间样品分布比例特征（401 个样品）

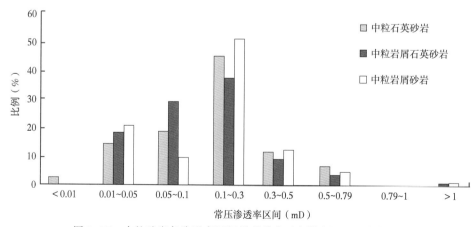

图 2-25　中粒砂岩各渗透率区间样品分布比例特征（198 个样品）

0.5mD、1mD 的比例依次为 100%、81.0%、24.2%、10%；中粒砂岩样品渗透率大于 0.01mD、0.1mD、0.5mD、1mD 的比例依次为 99.5%、61.6%、6.1%、1%；细粒砂岩样品渗透率大于 0.01mD、0.1mD、0.5mD、1mD 比例依次为 73.9%、17.4%、0%、0%。

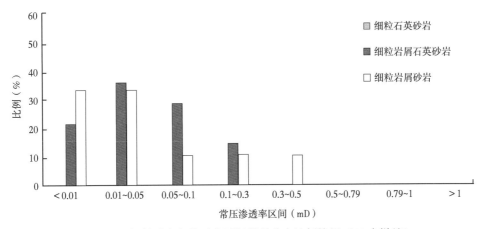

图 2-26　细粒砂岩各渗透率区间样品分布比例特征（23 个样品）

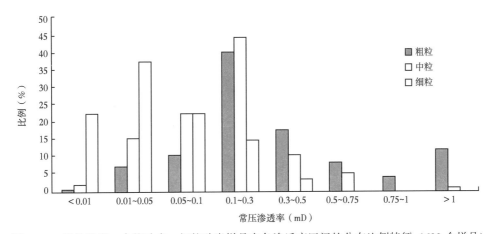

图 2-27　粗粒砂岩、中粒砂岩、细粒砂岩样品在各渗透率区间的分布比例特征（622 个样品）

总之，随着储层粒度的变粗，物性较好的储层的比例增加，物性较差的储层的比例减小，砂岩粒度对储层物性的控制作用较为明显。

第四节　储层结构特征

一、有效砂体规模尺度

1. 储层空间分布特征

1）二元结构特征

低渗透—致密气藏沉积砂体厚度大，连续性强，平面上呈片状，而有效砂体（主要为气层和含气层）厚度较薄，分布范围较窄，在空间上呈孤立状，砂体及有效砂体在空间分布呈"砂包砂"二元结构。对于低渗透—致密砂岩气藏而言，砂体并不等同于有效储层，有效储层为普遍低渗透的背景下相对高渗透的"甜点"（图 2-28）。

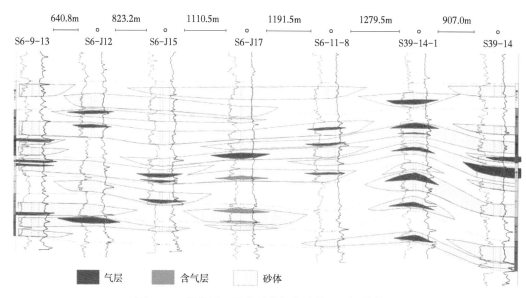

图 2-28　低渗透—致密砂岩气藏砂体二元结构剖面

2）多层垂向叠置，大面积含气

苏里格、神木等地区有效储层集中发育在太原组、山西组及盒 8 段，具有多层系含气、气层分散分布的特征，有效储层多期错落叠置，形成累计厚度大、平面连片分布的结构特征。苏里格地区有效储层主要集中发育于盒 8 段、山 1 段，厚度 30~45m 的砂层组范围内有效砂体厚度一般仅为 3~6m，局部可达 6m 以上，盒 8 段有效砂体富集程度明显优于山 1 段。神木地区含气层系更多，分布于太原组至盒 8 段，有效储层叠合厚度范围为2.0~57.4m，平均厚度可达 24.6m，不同层段有效储层发育情况不同，盒 8 段、山 2 段有效储层较发育，山 1 段、太原组次之。

2. 储层成因规模解剖

通过野外露头观察、密井网精细地质解剖、干扰试井分析、沉积物理模拟等，研究了低渗透—致密砂岩气藏储层规模，获得了储层厚度、长度、宽度、长宽比、宽厚比等参数，为储层精细描述及三维储层建模提供了可靠的地质依据。

1）单砂体厚度

主力层段单砂体厚度（储层成因体厚度）主要分布在 2~6m 之间（图 2-29），受沉积环境变化影响，各层段表现出差异性：盒 8 段下亚段最厚，平均为 4.5~5m；盒 8 段上亚段其次，平均为 4.4~4.7m；山 1 段最薄，平均为 3.6~4.2m（表 2-10）。

表 2-10　低渗透—致密砂岩气藏各层单砂体平均厚度、发育层数统计表

段	小层	砂体厚度 （m）	砂体钻遇率 （%）	单砂体厚度 （m）	单砂体个数 （个）
盒 8 段上亚段	H_8^{1-1}	6.89	91.67	4.66	1.61
	H_8^{1-2}	7.07	93.75	4.42	1.78

续表

段	小层	砂体厚度 （m）	砂体钻遇率 （%）	单砂体厚度 （m）	单砂体个数 （个）
盒 8 段下亚段	H_8^{2-1}	7.21	89.58	4.99	1.65
	H_8^{2-2}	7.98	97.92	4.53	1.89
山 1 段	S_1^1	3.65	58.33	3.72	1.57
	S_1^2	4.42	70.83	4.21	1.55
	S_1^3	2.68	56.25	3.63	1.25

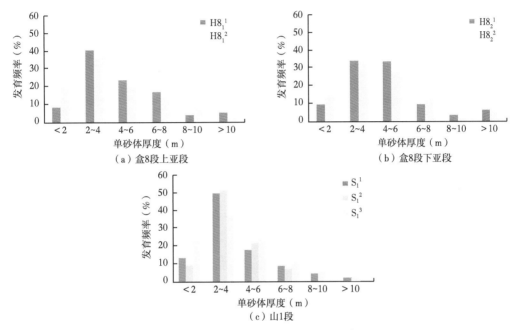

图 2-29　低渗透—致密单砂体厚度分布直方图

鄂尔多斯盆盆地低渗透—致密砂岩气藏有效单砂体厚度分布在 1~5m 之间，其中在 1.5~2.5m 区间分布频率最高（图 2-30、图 2-31），各小层有效单砂体厚度差别不大，平均为 2.2~3.4m（表 2-11）。美国绿河盆地致密砂岩气藏有效单砂体厚 2~5m，两者具有对比性。

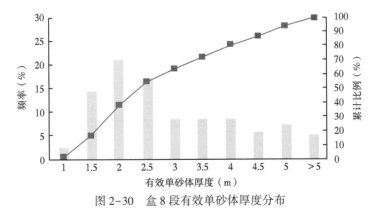

图 2-30　盒 8 段有效单砂体厚度分布

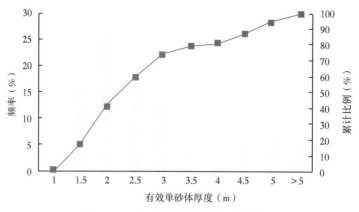

图 2-31　山 1 段有效单砂体厚度分布

表 2-11　苏里格加密区各小层有效单砂体平均厚度、发育层数统计表

段	小层	有效砂体厚度 （m）	有效砂体钻遇率 （%）	有效单砂体厚度 （m）	有效单砂体个数 （个）
盒 8 段上亚段	H_8^{1-1}	1.00	29.17	2.68	1.21
	H_8^{1-2}	2.53	56.25	2.92	1.48
盒 8 段下亚段	H_8^{2-1}	2.60	64.58	2.83	1.42
	H_8^{2-2}	2.76	70.83	2.60	1.43
山 1 段	S_1^1	0.98	22.92	3.37	1.27
	S_1^2	1.53	50.00	2.18	1.46
	S_1^3	0.62	18.75	2.93	1.11

2）储层长宽比及宽厚比

根据野外露头观察，沉积物理模拟，参考前人研究成果，认为心滩砂体宽厚比为 20~110、长宽比为 2~6；河道充填宽厚比为 50~120、长宽比为 2~5。

（1）野外露头解剖。

对辫状河心滩、河道充填露头进行解剖（图 2-32），心滩砂体剖面上大多呈顶凸底平状，宽厚比最小 20、最大为 110，将其范围定为 20~110 之间（表 2-12）。

表 2-12　大同辫状河露头心滩规模统计表

成因 单元	最大厚度 （m）	平均厚度 （m）	测量宽度 （m）	目估宽度 （m）	宽厚比	断面	成因单元
1	1.85	1.5	110	160	110	顶凸底平 透镜状	纵向 沙坝
2	3.4	3.2	68	68	21		
3	2.26	1.6	55	55	34		
4	4.2	3.1	105	105	25	楔状	斜向沙坝

辫状河道露头观察表明河道呈条带状（图 2-33），剖面上顶平底凸，宽度可达 800~1000m，厚度为 10~20m，宽厚比为 40~100（表 2-13）。参考前人对河道充填宽厚比的研

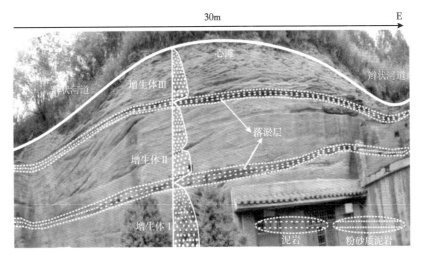

图2-32　心滩野外露头解剖（延安宝塔山辫状河）

究，其中 Leeder 模型中宽厚比为 50～110，Campbell 模型中宽厚比为 46，Cowan 模型中宽厚比为 70，李思田模型中宽厚比为 50，裴伟楠模型中宽厚比为 40～70，孤岛油田河道宽厚比为 60～120。综合野外露头解剖和前人研究成果，对苏里格气田、神木地区河道充填宽厚比取值 50～120。该宽厚比范围相比于前人研究成果略宽，反映了较强的河道迁移性。

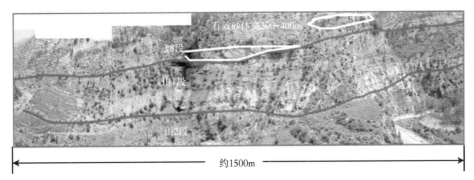

图2-33　柳林地区辫状河河道充填野外露头解剖

表2-13　大同辫状河露头河道规模统计表

成因单元	最大厚度（m）	平均厚度（m）	测量宽度（m）	目估宽度（m）	宽厚比	断面	成因单元
1	3.8	3.1	130	180	58		
2	3.4	3	235	235	78		
3	5.07	4.2	65	190	43	顶平底凸透镜状	河道充填砂体
4	1.3	1.15	68	68	59		
5	1.9	1.45	85	147	101		
6	4.8	4.2	235	260	56		

（2）沉积物理模拟。

沉积物理模拟是沉积学理论研究中的一种重要的实验手段和技术方法，通过模拟当时的沉积条件，在实验室还原自然界沉积物的沉积过程。长江大学沉积模拟重点实验室对苏里格地区盒8段的沉积特征进行过模拟。实验在水槽中进行，该水槽长16m、宽6m、深0.8m，另有4块面积约为2.5m×2.5m的活动底板，用来模拟原始底形对沉积体系的控制。实验以山西组沉积后的古地形为依据（图2-34），固定河道（$y=0\sim3m$）坡降约0.6°，非固定河道（$y=3\sim6m$）坡降约1.2°，活动底板区（$y=6\sim15m$）坡降约0.3°。

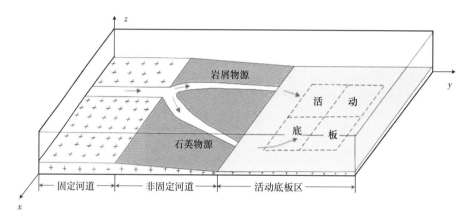

图2-34　沉积物理模拟底型设计示意图

分别对平水期、洪水期、枯水期进行沉积物理模拟，研究辫状河沉积体规模。沉积物理模拟实验结果表明（图2-35），强水动力条件下水流分布范围广，携砂能力强，形成砂体规模大，延伸距离远；中等水动力条件下水流沿主河道分布；弱水动力条件下，水流沿原有河道发育细粒沉积，砂体分布范围局限。苏里格气田河道沉积环境主要对应洪水期和平水期，结合模拟结果认为心滩砂体长宽比2~6（表2-14），河道充填长宽比为2~5。

表2-14　辫状河沉积模拟砂体几何形状特征

微相	平均长宽比		
	洪水期	平水期	枯水期
心滩	2.62~5.65	2.6~4.78	2.16~5.21
河道充填	2.4~4.6	2.1~3.67	2.57~5.99
水道间	1.9~3.6	1.8~4.1	1.3~2.6

3）有效砂体长宽

综合干扰试井分析和砂体精细解剖，认为苏里格气田有效砂体长400~700m，宽200~500m。

（1）干扰试验。

井间干扰试验是分析两口井间的压力干扰来求取井间的地层参数、研究井间储层连通性的方法。在被选定的井组中，一口定为"激动井"，在试验中改变其工作制度，例如关井、开井等，造成井底附近地层压力的变化，而在邻近的"观察井"中，下入微差压力

（a）强水动力

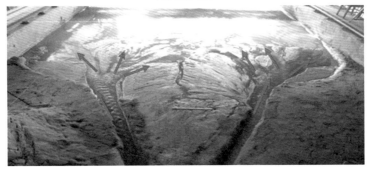

（b）中等水动力

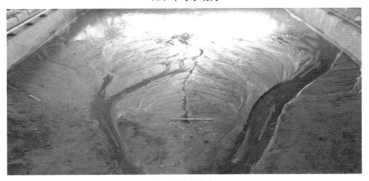

（c）弱水动力

图2-35 沉积物理模拟实验

计，连续记录传播过来的干扰压力。

苏里格气田在2008—2010年分别针对三个加密区（苏6、苏14、苏14三维区）共开展34个井组干扰试验，其中排距试验17个井组（顺物源方向、南北向），井距试验（垂直物源方向、东西向）17个井组。

苏6加密区作为三个开展干扰试验的加密区之一，井网为400m×600m，共开展干扰试验9组，其中排距试验3组，井距试验6组（图2-36）。排距小于700m干扰明显，井距小于500m干扰明显。

S6-J12井、S38-16井为一个排距试验井组（图2-37），两井井口距离相距611m，目的层段顶面相距598m。S6-J12井为激动井，S38-16井为观测井。S6-J12井投产前地层压力为28.14MPa，生产一段时间后，S38-16井处观测地层压力为12.35MPa。较大的压

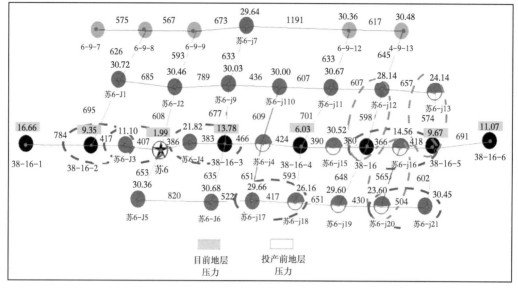

图 2-36　苏 6 加密区干扰试验井组

力差表明两井间存在干扰，考虑两井共同的射孔层位在盒 8 段上亚段 2 小层，反映出两井间盒 8 段上亚段 2 小层有效砂体是连通的。

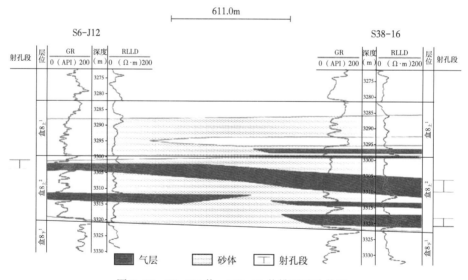

图 2-37　S6-J12 井—S38-16 井排距试验井组

S6-J4 井、S38-16-3 井为苏 6 加密区一个垂直物源方向上的试验井组（图 2-38），两井井口距离相距 382.2m，S6-J4 井为激动井，S38-16-3 井为观测井。S6-J4 井投产前地层压力为 24.82MPa，测试一段时间后，S38-16-3 井处地层压力压降到 13.78MPa。试验结果表明两井间存在干扰，两井共同射孔层段在盒 8 段下亚段 1 小层，反映出其盒 8 段下亚段 1 小层有效砂体是连通的。

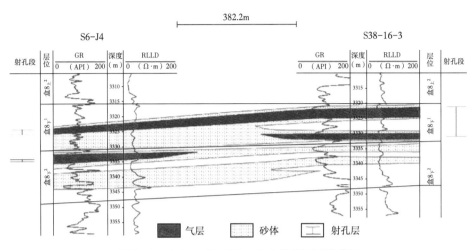

图 2-38　S6-J4 井—S38-16-3 井井距试验井组

根据苏里格气田 34 个井组的干扰试验结果（表 2-15、图 2-39、图 2-40），排距试验 17 个井组中见干扰的为 5 组，井距试验 17 个井组中见干扰的为 9 组。具体来看，顺物源方向井距大于 700m 时，见干扰的井组仅为 1 组，而该井距下试验井组总数为 6 组，干扰的概率 1/6；垂直物源方向大于 500m 时，见干扰的井组也为 1 组，该试验井距下井组总数为 4 组，干扰的概率为 1/4。因此基本可以确定苏里格气田有效砂体长度最大一般不超过 700m，宽度一般最大不超过 500m。

表 2-15　干扰试验统计结果表

排距（m）	井组	见干扰	井距（m）	井组	见干扰
<600	4	3	<400	5	4
600~700	5	1	400~500	8	4
700~800	6	1	500~600	4	1
>800	2		>600		

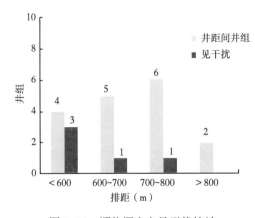

图 2-39　顺物源方向见干扰统计

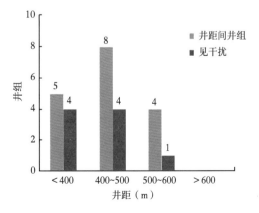

图 2-40　垂直物源方向见干扰统计

（2）密井网解剖。

随着井网的不断加密，对井间连通性的认识不断深化，S6 井、S38-16-4 井在 1600m 的大井距下，有效砂体看似连通，在 800m、400m 的小井距下，对比实为不连通的，有效储层宽度仅为 200~500m（图 2-41）。

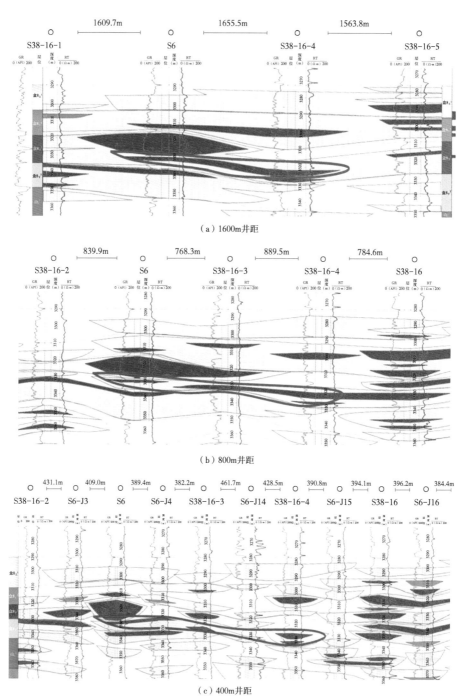

（a）1600m井距

（b）800m井距

（c）400m井距

图 2-41　不同井距下的储层砂体连通图

在干扰试验分析的基础上，针对密井网区精细解剖多个有效砂体，并与邻区进行对比。分析结果表明，苏里格气田有效砂体长度主要分布在 400～700m，宽度主要分布在 200～500m（图 2-42 至图 2-44）。

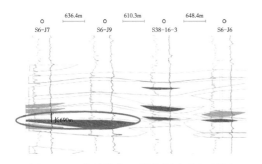

图 2-42　苏里格气田顺物源方向解剖图

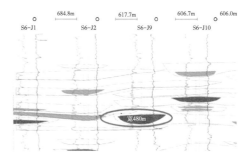

图 2-43　苏里格气田垂直物源方向解剖图

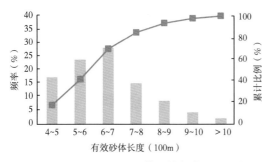

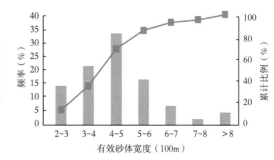

图 2-44　苏里格加密区盒 8 段下亚段有效砂体长度与宽度统计分布图

二、有效砂体叠置模式

在有效单砂体规模分析的基础上，开展有效单砂体空间组合样式分析。有效单模式可划分为孤立型、侧向叠置型、垂向叠加型三种类型。鄂尔多斯盆地东部府谷、保德、柳林地区有大量上古生界出露，也可为有效砂体规模、叠置模式分析提供有力支撑（图 2-45）。

（a）孤立型，太2段，陕西府谷　　　（b）侧向切割，太2段，陕西海则庙　　　（c）垂向叠置，山2段，山西柳林

图 2-45　鄂尔多斯盆地低渗透—致密砂岩储层单砂体叠置样式露头

在单砂体分布样式划分的基础上，基于井间解剖开展多层系砂体叠置特征分析。鄂尔多斯盆地低渗透—致密气藏太原组至盒 8 段发育多套含气层系，不同层系上述三种单砂体

模式空间上复杂交错分布，形成复杂的多层系有效砂体叠置样式。通过解剖分析，将多层系有效砂体空间组合样式划分为孤立分散、垂向复合叠加、侧向复合叠置三种主要类型（图 2-46、图 2-47）。

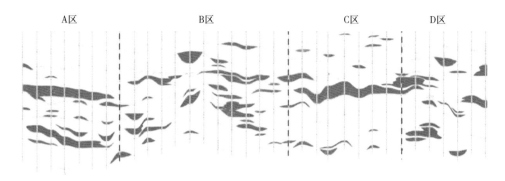

图 2-46　低渗透—致密砂岩气藏多层系有效储层空间组合类型

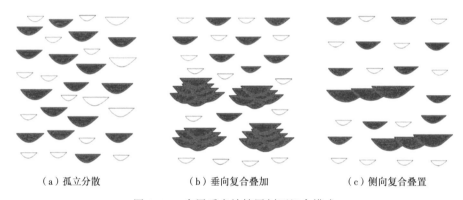

（a）孤立分散　　　　　　　（b）垂向复合叠加　　　　　　　（c）侧向复合叠置

图 2-47　多层系有效储层剖面组合模式

多层孤立分散型有效储层规模普遍小，没有明显主力层，各层有效厚度差异不大，多层发育的有效储层空间上分散分布，以彼此孤立、互不连通为主要特征，图 2-46 中的气藏剖面 D 区及图 2-47（a）属于此类。由于无主力层发育，储量集中度低，且有效储层规模小，适合采用直井/定向井进行开发以提高储量动用程度［图 2-48（a）］。

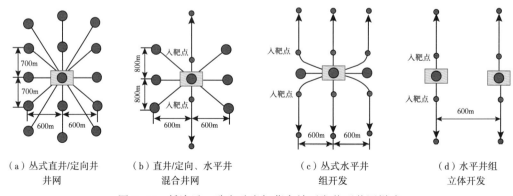

（a）丛式直井/定向井　　　（b）直井/定向、水平井　　　（c）丛式水平井　　　（d）水平井组
　　井网　　　　　　　　　　混合井网　　　　　　　　　组开发　　　　　　　立体开发

图 2-48　低渗透—致密砂岩气藏高效开发井型井网样式

垂向复合叠加型有限砂体规模有限，局部多层叠合发育，形成垂向叠合厚度大、侧向有限延伸的结构特征，图 2-46 中的 B 区及图 2-47（b）属于此类。由于局部存在叠合发育的有效砂体，局部储量集中度较高，适合采用直井/定向井、水平井混合井网开发，水平井可沿平行于河道方向部署用以提高有效砂体叠合区储量动用程度，直/定向井则用于提高孤立分散区储量动用效果 [图 2-48（b）]。

侧向复合叠置型有限砂体规模大，发育多套或者一套主力层，主力层块状厚层叠置、侧向切割连通广泛延伸延伸，图 2-46 中的 A 区、C 区及图 2-47（c）属于此类。图 2-46 的 C 区发育 1 套主力层，主力层储量集中度高，为提高气井单井产量和经济效益，可采用丛式水平井井网开发，以实现主力层储量的高效动用和经济效益开发 [图 2-48（c）]。图 2-46 的 A 区发育 2 套侧向复合叠置主力层，由于多套主力层存在且主力层储量集中度高，可通过采用立体水平井开发井网实现多层主力层系的高效动用 [图 2-48（d）]。

第三章 低渗透—致密砂岩
气藏动态评价技术

低渗透—致密砂岩气藏在中国分布广泛，储量规模巨大，以鄂尔多斯盆地最为典型，其中，榆林气田是低渗透砂岩气藏的典型代表，苏里格气田是致密砂岩气藏的典型代表。与常规气藏相比，低渗透—致密砂岩气藏具有低孔隙度、低渗透率、低丰度、强非均质性的地质特点和气井产能低、无阻流量小、储量动用程度和最终采收率低的开发特征。在储层特征和微观渗流机理研究的基础上，准确评价气井产能，深入分析气井生产规律对于正确评价和合理开发低渗透—致密砂岩气藏具有重要意义。

本章的研究内容主要包括气井生产动态规律分析、气井动态控制储量评价、气井产能评价与合理配产。

第一节　气井生产动态规律分析

低渗透—致密砂岩气藏开发实践表明，整个开发过程可划分为不同的生产阶段。气藏开发一般经历产能建设、稳产、产量递减和低压低产四个阶段（冈秦麟，1997）。就气井生产的全过程而言，同样也可以划分为不同的阶段，一般可划分为产量稳定阶段和产量递减阶段。

气井稳产阶段指的是以一定的日产量平稳供气时间段，在该阶段气井水淹是可能出现的最严重的问题，对边（底）水较活跃的低渗透—致密砂岩气藏要严格监视边（底）水动态，适时调配气井产量，控制气井边（底）水的推进，使气井按设计的产量有较长时间的稳定生产。

由于气藏是枯竭式开采，随着开采的延续，气藏能量将大量消耗，使气井压力和产量大幅度下降。当井口压力接近管线的输气压力，靠自然能量再也不能保持稳产时，气井进入递减阶段。气井保持井口压力接近于输压生产，产量自然下降，时间持续较长。该阶段的主要任务是根据动态资料分析产量变化，采取相应的增产措施，减缓产量递减，最大限度地提高气藏采收率。低渗透—致密砂岩气藏气井的递减规律一般是按阶段式指数函数变化，利用相应的递减方程能够预测气井产量的变化和最终累计产量。根据气藏的实际情况，不同类型的气井在递减期内所采取的增产措施是不一样的。如苏里格气田在递减期，重复实施增产措施、增压开采、间歇开井等方法，维持气井的经济效益开发；四川盆地须家河组低渗透含水气藏，递减期内井底压力和产气量较低，已经不能或很难满足井筒携液要求，因此，排水采气是该类气井维持经济效益开采的主要途径。

本节主要探索气井进入递减阶段之后的产量变化规律以及如何利用这些规律对气井未来进行预测。

一、气井递减类型判断

所谓产量递减规律分析，就是当气田或气井进入递减阶段以后，拟合分析产量变化规律，并利用这些规律进行未来产量预测。目前，产量递减分析仍多采用 Arps 递减方法（钟孚勋，2001；秦同洛等，1989；阿普斯等，2008；随军等，2000），其关系通式为：

$$\frac{Q}{Q_i} = \left(\frac{D}{D_i} \right)^n \tag{3-1}$$

式中　Q——递减阶段任意时刻的产量，$10^4 \text{m}^3 / \text{月}$；

　　　Q_i——递减阶段的初始产量，$10^4 \text{m}^3 / \text{月}$；

　　　D——瞬时递减率，$1 / \text{月}$；

　　　D_i——开始递减时的初始瞬时递减率，$1 / \text{月}$；

　　　n——递减指数，$n=1$ 时为调和递减，$n=\infty$ 时为指数递减，$1<n<\infty$ 时为双曲递减。

不同的递减类型，具有不同的递减规律。根据已经取得的生产数据，可以采用不同的方法，判断其所属的递减类型。确定递减参数（D、D_i、n），建立相关经验公式。一般都以是否存在线性关系和线性关系相关系数的大小作为判断递减类型的主要指标。按所使用的数据类型，有以下几种分析方法。

1. 用产量和相应的生产时间分析

将 Arps 的三种递减类型的产量公式改写为如下的无量纲形式：

指数递减：

$$\frac{Q_i}{Q} = e^{D_i t} \tag{3-2}$$

双曲线递减：

$$\frac{Q_i}{Q} = \left(1 + \frac{1}{n} D_i t \right)^n \tag{3-3}$$

调和递减：

$$\frac{Q_i}{Q} = 1 + D_i t \tag{3-4}$$

在半对数坐标图上，$\lg Q$—t 关系图上若为直线关系，即可定为其递减类型为指数递减。在直角坐标图上，$\left(\frac{1}{Q} \right)^{\frac{1}{n}}$—$t$ 关系若 n 取值正确，则为一直线，即可定为其递减类型为双曲线递减。用试凑法取 n 值大小，以是否为直线来判断。当确定 $n=1$，应为调和递减。在双对数坐标图上，当 $\frac{n}{D_i}$ 取某一值时，可以使 Q—$t + \frac{n}{D_i}$ 的对应关系成为一条直线，也可确定其递减类型为双曲线递减。

典型曲线拟合也是很常用的判断方法。当给定不同的 n 值和 $D_i t$ 值时，可以计算出不同的产量比 $\frac{Q_i}{Q}$。将不同 n 值下的 $\frac{Q_i}{Q}$ 与 $D_i t$ 的对应值画在双对数坐标图上，即可得到理论的典型曲线图。若将递减阶段的数据画在典型曲线图上，在与某一条曲线达到最佳拟合之后，可在典型曲线图上直接读得用以判断递减的 n 值。

2. 用产量和累计产量分析

（1）指数递减型的产量与累计产量之间有如下关系式：

$$Q = Q_i - \frac{D}{E}G_p \tag{3-5}$$

式中　　E——生产时间 t 与产量 Q 用不同单位时的换算系数；

$\quad\quad G_p$——累计产气量。

在直角坐标图中，Q—G_p 之间若为直线关系，便可确定其递减类型为指数递减。

（2）调和递减型的产量与累计产量之间有如下关系式：

$$\lg Q = \lg Q_i - \frac{D_i}{2.303EQ_i}G_p \tag{3-6}$$

在半对数坐标图上，$\lg Q$—G_p 为一直线，则其递减类型为调和递减。

（3）双曲线型产量与累计产量之间有如下关系式：

$$G_p = \frac{EQ_i}{D_i}\left(\frac{n}{n-1}\right) - \frac{E}{D_i}\left(\frac{n}{n-1}\right)Q - \left(\frac{E}{n-1}\right)Qt \tag{3-7}$$

根据递减阶段的实际生产数据进行二元回归分析后，可以得到 n 值，以判断其是否属双曲线递减类型。

3. 用地层压力和累计产量分析

对于定容性气藏，在衰竭式开采的条件下，地层压力和累计产量存在几种关系：

（1）指数递减型地层压力 p 与累计产量 G 之间有如下关系式：

$$\frac{p}{Z} = \frac{p_i}{Z_i}\left(1 - \frac{EQ_i}{DG}\right) + \frac{E(p_i/Z_i)}{DG}Q \tag{3-8}$$

式中　　p_i——原始地层压力，MPa；

$\quad\quad Z_i$——压力 p_i 下天然气的偏差系数；

$\quad\quad Z$——压力 p 下天然气的偏差系数。

在直角坐标图中，p/Z—Q 为一直线，则其递减类型为指数递减。

（2）调和递减型地层压力与累计产量之间有如下关系式：

$$\frac{p}{Z} = \frac{p_i}{Z_i}\left(1 - \frac{2.303Q_iE}{D_iG}\lg Q_i\right) + \frac{2.303Q_i(p_i/Z_i)E}{D_iG}\lg Q \tag{3-9}$$

在半对数坐标图中，p/Z—$\lg Q$ 图若为直线关系，即可确定其递减类型为调和递减。

（3）双曲线递减类型地层压力与累计产量之间有如下关系式：

$$\frac{p}{Z} = \frac{p_i}{Z_i}\left[1 - \left(\frac{n}{n-1}\right)\frac{Q_iE}{D_iG}\right] + \left(\frac{n}{n-1}\right)\frac{Q_i^{\frac{1}{n}}(p_i/Z_i)E}{D_iG}Q^{\frac{n-1}{n}} \tag{3-10}$$

在直角坐标图中，p/Z—$Q^{\frac{n}{n-1}}$ 若 n 取某一值时，会成为直线关系，则可确定其递减类型为双曲线递减。

二、递减规律分析

在上述判断递减类型的同时，可确定出其递减参数（Q_i、D_i、n），建立相关经验公式，进行递减规律分析和预测（黄炳光等，2004）。

1. 预测产量

利用确定的递减公式，可计算出递减阶段任一时刻的产量。

指数递减：

$$Q = Q_i e^{-Dt} \tag{3-11}$$

双曲线递减：

$$Q = Q_i \left(1 + \frac{D_i}{n} t \right)^{-n} \tag{3-12}$$

调和递减：

$$Q = Q_i (1 + D_i t)^{-1} \tag{3-13}$$

2. 递减阶段时间的计算

当按给定产量生产时，可计算出递减期长短。

指数递减：

$$t = \frac{1}{D} \ln \frac{Q_i}{Q} \tag{3-14}$$

双曲线递减：

$$t = \frac{n}{D_i} \left[\left(\frac{D_i}{Q} \right)^{\frac{1}{n}} - 1 \right] \tag{3-15}$$

调和递减：

$$t = \frac{Q_i - Q}{D_i Q} \tag{3-16}$$

3. 储量计算

计算储量的常用方法是容积法、物质平衡法、递减曲线法和数值模拟法。由于致密砂岩气藏的开发特征，容积法和物质平衡法不适用于致密砂岩气藏储量评估，致密砂岩气藏储量评估的最好办法是递减曲线法和数值模拟法。

利用递减规律，计算气藏储量。

（1）指数递减：

$$G = \frac{E(p_i / Z_i)}{D B_1} \tag{3-17}$$

或

$$G = \frac{E(p_i / Z_i)}{B_1 B_1'} \tag{3-18}$$

式中　B_1——p/Z—Q 直线的斜率；

B'_1——Q—G_p 直线的斜率。

（2）调和递减：

$$G = \frac{2.303EQ_i(p_i/Z_i)}{D_i B_2} \tag{3-19}$$

或

$$G = \frac{E(p_i/Z_i)}{B_2 B'_2} \tag{3-20}$$

式中　B_2——p/Z—$\lg Q$ 直线的斜率；

　　　B'_2——$\lg Q$—G_p 直线的斜率。

（3）双曲线递减：

$$G = \left(\frac{n}{n-1}\right)\frac{EQ_i^{\frac{1}{n}}(p_i/Z_i)}{D_i B_3} \tag{3-21}$$

或

$$G = \frac{E(p_i/Z_i)}{B_3 B'_3} \tag{3-22}$$

式中　B_3——p/Z—Q 直线的斜率；

　　　B'_3——Q—G_p 直线的斜率。

由于递减分析主要依赖于经验统计规律，因而预测时一般不能外推太远，否则容易造成误差。但如果递减分析是在开发后期，则可以作较长时间的预测。

第二节　气井动态控制储量评价

一、压降法

定容封闭气藏的压降方程式：

$$\frac{p}{Z} = \frac{p_i}{Z_i}\left(1 - \frac{G_p}{G}\right) \tag{3-23}$$

式中　G_p——压力为 p 时累计采出气的标准体积，$10^8 \mathrm{m}^3$；

　　　G——压力 p_i 下天然气体积，$10^8 \mathrm{m}^3$；

　　　Z——压力 p 下天然气的偏差系数；

　　　Z_i——压力 p_i 下天然气的偏差系数。

令 $a = \dfrac{p_i}{Z_i}$，$b = \dfrac{p_i}{Z_i G}$，由式（3-23）得：

$$\frac{p}{Z} = a - bG_p \tag{3-24}$$

由式（3-24）可以看出，定容气藏视地层压力（p/Z）与累计产气量（G_p）呈直线关系，当 $p/Z=0$ 时，$G_p=G$。但在低渗透—致密砂岩气藏中，压降法 p/Z—G_p 的关系曲线（图 3-1）往往不是一条直线，而是一条上翘的曲线，如果按照早期直线段外推，得到的储量就会偏小，这也是对低渗透—致密砂岩气藏利用早期生产数据用压降法评价的储量偏小的主要原因。因此，用压降法评价低渗透—致密砂岩气藏储量时，生产时间越长，评价结果越接近实际情况。

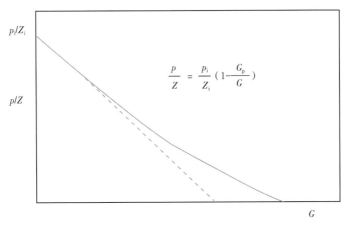

$$\frac{p}{Z} = \frac{p_i}{Z_i}\left(1-\frac{G_p}{G}\right)$$

图 3-1　低渗透—致密砂岩气藏压降法指示曲线

二、弹性二项法

有界封闭地层开井时生产井底压力降落曲线一般可分为三段（图 3-2），即不稳定早期段（弹性第一阶段）、不稳定晚期段和拟稳定期段（弹性第二阶段）。

根据拟稳定期井底压力随时间的变化关系，推出弹性第二阶段（即不稳定试井法）气井控制储量的计算公式：

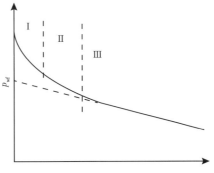

图 3-2　井底压力随时间变化曲线

$$G = -\frac{2\zeta q_g p_e}{\beta C_t^*} \qquad (3-25)$$

式中　G——气井控制的地质储量，$10^8 \mathrm{m}^3$；

　　　ζ——与时间 t 所用单位有关的常数；

　　　β——流压平方—时间曲线的直线段的斜率，$\beta = \mathrm{d}p_{wf}^2/\mathrm{d}t$；

　　　q_g——气井稳定产气量，$10^4 \mathrm{m}^3/\mathrm{d}$；

　　　p_e——地层压力，MPa；

　　　C_t^*——综合压缩系数，MPa^{-1}。

该方法要求测试资料达到拟稳定状态，拟稳态的出现可以采用 Y 函数曲线或 $\lg(\Delta p_{wf}^2/\Delta G_p)$ ~ $\lg G_p$ 关系图是否出现水平直线段来判断。

三、产量递减法

在气藏开发过程中，一般经历上产阶段、稳产阶段和产量递减阶段。当气藏开发进入产量递减阶段后，可以利用气藏的不同递减规律，预测气藏的动态储量。Arps 提出了三种递减规律，即指数递减、双曲线递减和调和递减。

根据气藏不同的递减规律，计算出气藏递减阶段的递减率以及递减指数，即可计算出气藏的储量。

（1）指数递减：

$$G_p = \frac{E(Q_i - Q)}{D} \tag{3-26}$$

（2）双曲线递减：

$$G_p = \frac{EQ_i}{D_i}(\frac{n}{n-1})\left[1 - (\frac{Q_t}{Q})^{\frac{1-n}{n}}\right] \tag{3-27}$$

（3）调和递减：

$$G_p = \frac{EQ_i}{D_i}\ln\frac{Q_i}{Q} \tag{3-28}$$

式中　Q——递减阶段任意时刻的产量，$10^4 m^3$/月；

　　　Q_i——递减阶段的初始产量，$10^4 m^3$/月；

　　　D——瞬时递减率，1/月；

　　　D_i——开始递减时的初始瞬时递减率，1/月；

　　　n——递减指数，$n=1$ 时为调和递减，$n=\infty$ 时为指数递减，$1<n<\infty$ 时为双曲线递减；

　　　t——递减阶段生产时间，月；

　　　G_p——累计采气量，$10^4 m^3$；

　　　E——时间换算系数。

四、产量累计法

产量累计法是一种经验估算法，累计产气量与生产时间满足如下经验公式：

$$G_p t = at - b \tag{3-29}$$

式中　t——生产时间，d；

　　　a，b——系数。

$G_p t$—t 直线段斜率 a 值即为动态储量值。

该方法不依赖井底流压数据，应用于产量发生正常持续递减时，一般在采出程度达到 40%~50% 以上的气藏比较准确。因此，多数情况下，使用 c 值修正：

$$G_p(t+c) = a(t+c) - b \tag{3-30}$$

$G_p(t+c)$—$t+c$ 直线段斜率 a 值即为动态储量值。

c 值的取法：在 G_p—t 曲线上取两点 1 和 3，坐标值分别为 $(G_{p1} t_1)$、$(G_{p3} t_3)$，为使计算结果更可靠，这两点应尽量在曲线正常趋势部分且距离足够远，在其间第 2 点的累计产

量 $G_{p2} = \dfrac{1}{2}$（$G_{p1} + G_{p3}$），在曲线上求出相对应的时间 t_2，则：

$$c = \frac{t_2(t_1 + t_3) - 2t_1 t_3}{t_1 + t_3 - 2t_2} \qquad (3-31)$$

五、不稳定产量分析法

不稳定产量分析法就是利用不稳定生产期的历史生产数据，包括产量和压力，对气藏生产动态进行分析、评价和预测。该方法的特点是不论以定产方式或定压方式生产，在不进行关井测压的情况下，利用单井的生产数据和经验图版，拟合产量和压力，从而得到气井的单井动态控制储量。主要的经验图版包括 Blasingame 方法、AG 方法、NPI 方法、Transient 方法和 FMB 方法的图版。这些图版主要与产量有关，故拟合这些图版后，再进行生产压力拟合，才能得到准确的预测模型和井的动态控制储量。

六、修正衰减曲线法

国内外学者认为：对低渗透气井，Arps 递减指数取 0.4~0.5 比较合适。衰减递减方程有：

$$G_p = \int_0^t \frac{q_i}{(1 + 0.5 D_i t)^2} dt \qquad (3-32)$$

积分得：

$$G_p = \frac{q_i}{0.5 D_i} - \frac{q_i}{0.5 D_i (1 + 0.5 D_i t)} \qquad (3-33)$$

令 $A = \dfrac{0.5 D_i}{q_i}$，$B = \dfrac{1}{q_i}$，则：

$$\frac{1}{G_p} = A + B \frac{1}{t} \qquad (3-34)$$

$$q = \frac{1}{B\left(1 + \dfrac{A}{B} t\right)^2} \qquad (3-35)$$

式中　q_i——气产量，$10^4 m^3/d$；

　　　G_p——累计产气量，$10^4 m^3$；

　　　D_i——递减率，d^{-1}。

对于致密气藏，采用衰减曲线法评价动态储量会出现较大的偏差。故通过修正预测模型，使得其能很好地拟合实测数据，从而将常规衰减曲线分析方法扩展到致密气藏。

七、数值模拟法

气藏数值模拟是通过建立渗流数学模型，对气藏进行定量描述，通过拟合气藏各井的生产历史（包括气水产量和生产压力），不断调整气藏静态参数场，当气藏各井生产史拟合达到要求的精度时，用此时的参数场即可计算出气藏的储量。

$$G = \sum_{k=1}^{n} \frac{A_{ij} h_{ij} \phi_{ij} S_{gij}}{B_{gij}} \qquad (3-36)$$

式中　i、j——行、列号；

　　　A_{ij}——第 ij 网格块的面积，m^2；

　　　h_{ij}——第 ij 网格块的有效厚度，m；

　　　ϕ_{ij}——第 ij 网格块的有效孔隙度，小数；

　　　S_{ij}——第 ij 网格块的含气饱和度，小数；

　　　B_{gij}——第 ij 网格块的气体体积系数，无量纲；

　　　n——网格块数。

气藏数值模拟法计算气藏储量，对于含气面积大、储渗特征认识程度高、开发早期动静态资料较全的各类气藏都能取得较好的结果。该方法适用于气藏开发各个时期的储量计算。

八、动态储量预测图版

单井的井控动态储量和泄流面积均随生产时间发生动态，利用目前生产数据进行动态分析得到的只是目前气井所控制的储量和面积，而不是最终气井所控制的储量和面积。苏里格气田苏 6 区块采用先期投产区块多口典型气井的生产数据建立井控动态储量预测图版，可以预测最终气井控制储量和面积（罗瑞兰等，2010）。

1. 图版的建立

苏 6 区块是苏里格气田最早投产的区块，第一批生产井于 2002 年投产，生产期已超过 7 年，气井的渗流边界已达到或接近真实的气藏边界，处于低压、低产中后期。在实际生产中，绝大部分气井只进行了井口油套压和产量的监测，对气井的生产数据进行分析，发现气井的单位套压降采气量（$G_p/\Delta p_c^2$）随生产时间动态变化，两者之间成良好的二次多项式关系，相关系数大于 0.96。即

$$\frac{G_p}{\Delta p_c^2} = at^2 + bt + c \qquad (3-37)$$

式中　G_p——t 时刻的累计产气量，$10^4 m^3$；

　　　Δp_c^2——t 时刻的套压下降量，$\Delta p_c^2 = p_{ci}^2 - p_{ct}^2$，$MPa^2$；

　　　p_{ci}——气井投产前的初始套压，MPa；

　　　p_{ct}——t 时刻的套压，MPa；

　　　a，b，c——二次多项式系数。

对苏 6 区块 18 口典型气井的（$G_p/\Delta p_c^2$）与 t 拟合关系式进行分类整理，归纳得到 3 类典型气井的（$G_p/\Delta p_c^2$）—t 的关系图版（图 3-3）。

气井在各生产阶段的单位套压降产气量的变化规律直接反映了气井井控动态储量随生产时间变化的规律。采用 FAST. RTA 软件对这些气井进行动态分析，求得不同生产时间的

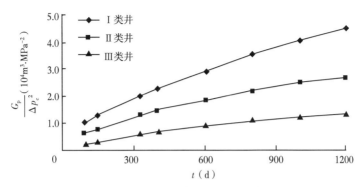

图 3-3 典型气井单位套压降产气量与生产时间关系图

井控动态储量（G_t），发现 G_t—t 与（$G_p/\Delta p_c^2$）—t 有相同的变化规律，G_t 在早期随生产时间 t 增加而快速增大，后期逐渐趋缓变平，两者之间呈良好的二次多项式关系；当 G_t 不再随生产时间增大时，可认为已达到了最大井控动态储量，记为 G。归纳这些气井的 G_t/G—t 关系，可得到三类典型气井井控动态储量随生产时间变化的关系图版。在研究过程中发现气井的生产制度对井控动态储量的变化规律有较大影响，气井初始配产越高，其初始阶段的井控动态储量和泄流面积越小。

苏里格气田早期投产井大部分未安装井下节流器，初始配产较高，而近年来投产的气井普遍采用了井下节流技术，初始配产较低（图 3-4）。

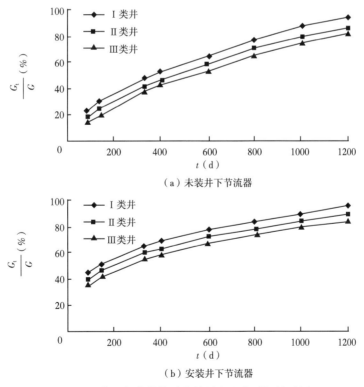

（a）未装井下节流器

（b）安装井下节流器

图 3-4 典型气井井控动态储量与生产时间关系图

对于其他低渗透—致密砂岩气田或区块，如果地质条件和生产制度存在较大差异，可以利用生产时间较长的气井进行动态分析，按上面同样的方法建立各自适用的 G_t/G—t 图版。

2. 图版应用

对于新投产井，利用 $(G_p/\Delta p_c^2)$—t 和 (G_t/G)—t 这 2 个图版可以方便地根据气井早期的生产数据来定量预测未来的井控动态储量，进而求出相应的泄流面积。

加密井 J2 井和 J7 井是苏 14 井组不同时间投产的生产井，基本数据见表 3-1。首先根据气井的生产时间及当前单位套压降产气量查 $(G_p/\Delta p_c^2)$—t 图版，可初步判断 J2 井为Ⅲ类井，J7 井为Ⅱ类井；然后采用 FAST. RTA 软件对气井进行动态分析，可得到气井的当前井控动态储量 G_t 和等效泄流半径 (R_t)；再根据井型和生产时间查对 G_t/G—t 图版 [图 3-4（b）]，得到 2 口井的 G_t/G 值分别为 48% 和 60%，由此可求出最终井控动态储量 (G) 和最终等效泄流半径 (R)。

表 3-1 苏里格中区苏 14 井组 J2 井、J7 井生产数据表

生产数据	J2 井	J7 井
投产时间	2008.05.10	2008.01.13
分析数据截止时间	2009.06.25	2009.06.25
累计生产时间（d）	246	436
累计采气量（$10^4 m^3$）	245	516
当前 $G_p/\Delta p_c^2$（$10^4 m^3 \cdot MPa^{-2}$）	0.442	1.030
当前井控动态储量（$10^4 m^3$）	551	1516
当前等效泄流半径（m）	247	189
G_t/G（%）	48	60
预测最终井控动态储量（$10^4 m^3$）	1160	2527
预测最终等效泄流半径（m）	358	243

生产至废弃时，苏 14 加密井组的平均最终井控动态储量为 $2920 \times 10^4 m^3$，最终可采出气量为 $(2480 \sim 2630) \times 10^4 m^3$，平均最终泄流面积为 $0.206 km^2$，由于储层具有较强的非均质性。因此各单井的最终井控储量和泄流面积之间存在较大的差异。

图 3-5 是苏 14 加密井组的单井泄流面积累计频率图，可知 80% 以上气井的泄流面积小于 $0.24 km^2$，95% 以上气井的泄流面积小于 $0.48 km^2$，可推算出当井排距为 400m×600m 时，发生井间干扰的概率为 7%~22%，当井排距为 600m×800m 时，发生井间干扰的概率小于 5%。

由以上数据可分析得到：对于苏 14 区块，设计井距为 500~600m、排距为 600~800m 时，能够实现较高的井控程度（45%~70%）及较低的井间干扰概率（小于 15%），能保证获得理想的采收率并合理控制投资成本。

根据本方法建立的井控动态储量预测图版，能够依据气井早期的生产数据有效预测井控储量和泄流面积随生产时间的动态变化规律，对气田的建产规模和合理井网井距具有前瞻性的指导意义。

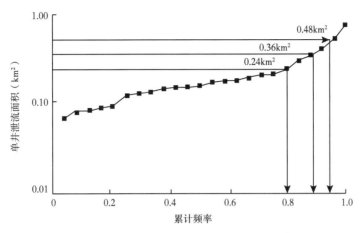

图 3-5　苏 14 加密井组单井泄流面积累计频率图

第三节　气井产能评价

由于低渗透—致密砂岩气藏储层具有低孔隙度、低渗透率、低丰度、强非均质性的特性，压力传导速度慢，气井生产达到拟稳态的时间长，这给准确监测或测量压力带来了很多困难，常规方法在较短时间内测试或计算低渗透—致密砂岩气藏的压力进行气井产能的评价，将会出现很大误差。因此，如何较准确地确定低渗透气井压力至关重要，但也比较困难。下面针对气井产能评价中出现的异常情况，进行识别和校正分析。

一、气井产能曲线分析

气井在压力测试或生产过程中，地层压力和井底流压受地层参数、流体参数、井底结构、产量、测试时间及其他因素的影响，任一因素的非正常变化都会造成气井产能方程或产能曲线异常。分析气井产能曲线异常的原因，准确识别及校正产能曲线，是准确评价气井产能的基础。

1. 产能曲线异常原因分析

低渗透—致密砂岩气藏，特别是低渗透—含水气藏，实际气井产能曲线很容易出现异常。要获得正常的产能曲线，必须在测试过程中，使二项式系数 A、B 和指数式系数 C、n 基本保持不变。要达到这一点，则要求在测试期间气藏特性（K、ϕ、h、T）、流体性质（单相）、井底结构等保持不变，而且要求测试达到稳定。否则会得出异常的产能曲线。引起测试产能曲线异常的原因很多，归结起来，大致有如下几类：

（1）由于井底积液，获取的压力偏小（如压力计未下到产层中部或用井口测试计算井底压力等）；

（2）钻井液或措施液体进入地层，井底有堵塞，井附近渗透率变小，阻力增大，可能随测试产量增大逐渐解除；

（3）关井时间短，未达到稳定，使测取的地层压力偏小；

（4）每个工作制度都未稳定就进行测试、使测取的 q_{wf}、q 不准确；

（5）试井过程中，井周围地层中有凝析油析出或含水饱和度变化，渗流条件发生了改变；

（6）底水锥进或边水舌进，即使水未进入井中，也改变了地层内的渗流条件；

（7）井间或层间干扰；

（8）由于低渗透储层存在应力敏感效应，气层渗透率和孔隙度都会随压力发生较大变化。

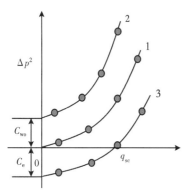

图 3-6　$\Delta p^2 - q_{sc}$ 的关系曲线

2. 异常曲线的识别与校正处理

通常，对正常测试数据，绘制成 $\Delta p^2(\Delta\psi) - q_{sc}$ 的关系曲线，在直角坐标中应是一条通过原点凹向 Δp^2 （$\Delta\psi$）轴的曲线，如图 3-6 曲线 1 所示。这是正常曲线的初步识别。然而实际测试的指示曲线，有可能出现如曲线 2 或曲线 3 所示的情况，顺测点趋势延长曲线，不通过原点。或者出现其他形状的异常曲线，有单位曾在 1976 年曾做过一次统计，大约有 1/3 的测试有异常现象。当出现异常时，如何分析，识别和判断呢？只有从地质、工程、测试工艺及设备详细查找原因才能得出正确的认识。

在一些情况下，可以比较容易地识别出产能曲线异常的原因并进行有效的校正处理。

1）当得不到地层压力时的处理

实际中，由于种种原因，无法获得地层压力 $\bar{p}_R$，但可获得每个工作制度的准确产量 q_{sci} 和井底流动压力 p_{wfi}，此时对几个测点分别写出联立方程（以压力平方为例）：

$$\begin{cases} \bar{p}_R^2 - p_{wf1}^2 = Aq_{sc1} + Bq_{sc1}^2 \\ \bar{p}_R^2 - p_{wf2}^2 = Aq_{sc2} + Bq_{sc2}^2 \\ \qquad\vdots \\ \bar{p}_R^2 - p_{wfn}^2 = Aq_{scn} + Bq_{scn}^2 \end{cases} \qquad (3-38)$$

对上述联立方程组，用下式减上式，消去 $\bar{p}_R^2$，然后两端除以产量差，得线性方程组：

$$\frac{p_{wfi}^2 - p_{wfi+1}^2}{q_{sci+1} - q_{sci}} = A + B(q_{sci+1} + q_{sci}) \qquad (3-39)$$

式中　i——测点序号。

由式（3-39）可以看出，若绘制 $\dfrac{p_{wfi}^2 - p_{wfi+1}^2}{q_{sci+1} - q_{sci}} \sim (q_{sci+1} + q_{sci})$ 关系曲线，则可得一直线，此直线的截距为二项式的系数 A、斜率为二项式的系数 B，从而得到该井产能方程。

2）当测取的地层压力偏小时的识别和校正处理

低渗透—致密砂岩气藏由于未达到稳定就关井，时间不足，就测取了压力。显然，以此压力作为地层压力是偏小的。若将测取压力以 p_e 表示，绘制的指示曲线如图 3-6 中的曲线 3，若绘制二项式产能曲线则如图 3-7 所示。由此可判别是地层压力偏小的情况。

出现这种曲线，可以不必重测，仅需进行校正即可。

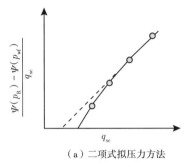 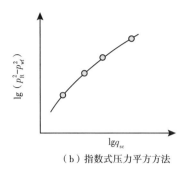

（a）二项式拟压力方法　　　　（b）指数式压力平方方法

图 3-7　地层压力偏小时的产能分析曲线

设 $\bar{p}_R$ 为真实平均地层压力，此压力和实测压力之 p_e 差为：

$$\delta_e = \bar{p}_R - p_e \tag{3-40}$$

由式（3-40）可得真实地层压力为：$\bar{p}_R = p_e + \delta_e$，于是存在：

$$\bar{p}_R^2 = p_e^2 + 2\delta_e p_e + \delta_e^2 \tag{3-41}$$

将式（3-41）代入二项式产能方程得：

$$p_e^2 - p_{wf}^2 = Aq_{sc} + Bq_{sc}^2 - C_e \tag{3-42}$$

其中：

$$C_e = 2\delta_e p_e + \delta_e^2 \tag{3-43}$$

将气井的二项式产能方程（3-42）变形为：

$$p_e^2 - p_{wf}^2 + C_e = Aq_{sc} + Bq_{sc}^2 \tag{3-44}$$

由式（3-44）可知，只要获得适当的 C_e 值，（$p_e^2 - p_{wf}^2 + C_e$）/q_{sc}—q_{sc} 关系应为一直线，如图 3-8 所示，该直线截距为二项式系数 A，斜率为二项式的系数 B，利用式（3-43）求解出 δ_e 之后，再求出真实平均地层压力 $\bar{p}_R$，从而计算出气井无阻流量 q_{AOF}。

3）当测取的井底流压偏小时的识别和校正处理

在某些情况下，比如低渗透—含水气藏气井井筒积液，由于压力计未下至产层中部，若井筒仍按纯气柱考虑，势必造成井底流压偏低，此时，Δp^2—q_{sc} 指示曲线会出现图 3-6 中的曲线 2 所示的异常，顺测点的曲线趋势

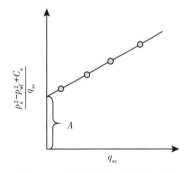

图 3-8　校正后的二项式分析图

延长，不交于坐标原点，而是与 Δp^2 轴相交，在 Δp^2 轴上有一截距 C_w。在 $\Delta p^2/q_{sc}$—q_{sc} 产能分析曲线图上，得不到直线，而呈图 3-9 所示的异常曲线。

校正方法如下：

设 p_{wfi} 为真实井底流压，p_{wi} 为实测的或计算的井底压力。

$$\delta_i = p_{wfi} - p_{wi} \qquad p_{wfi} = p_{wi} + \delta_i \tag{3-45}$$

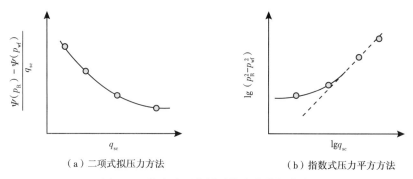

（a）二项式拟压力方法　　　　　　　　　（b）指数式压力平方方法

图 3-9　井底流压偏低时的产能分析曲线

于是

$$p_{wfi}^2 = p_{wi}^2 + 2\delta_i p_{wi} + \delta_i^2 \qquad (3-46)$$

将式（3-46）代入二项式产能方程得：

$$\bar{p}_R^2 - p_{wi}^2 - C_{wi} = A q_{sci} + B q_{sci}^2 \qquad (3-47)$$

其中：

$$C_{wi} = 2\delta_i p_{wi} + \delta_i^2 \qquad (3-48)$$

严格来说，对于不同的工作制度，井底的积液高度是不同的。因此，式（3-47）中不同工作制度下的 C_{wi} 是不同的。这样，实际处理中就十分困难，为了简化问题，假设不同工作制度下的 C_{wi} 是相同的，计为 C_w。

基于 C_{wi} 相同，将式（3-47）两端同除 q_{sc} 得：

$$\frac{\bar{p}_R^2 - p_w^2 - C_w}{q_{sc}} = A + B q_{sc} \qquad (3-49)$$

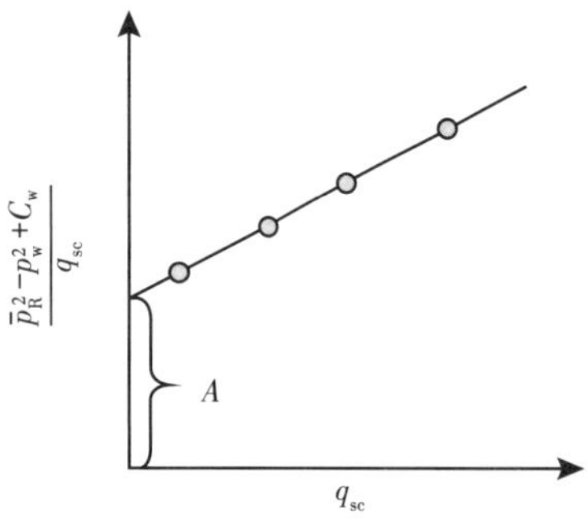

由式（3-49）可见，在适当的 C_w 值下，$(\bar{p}_R^2 - p_w^2 - C_w)/q_{sc}$—$q_{sc}$ 的关系应为一直线（图 3-10），该直线的截距就是二项式的系数 A，其斜率即为二项式系数 B，据此即可计算气井的无阻流量 q_{AOF}。

由于实际上各工作制度下 C_{wi} 值是不同的，如何求各工作制度下的 C_{wi} 呢？

由式（3-48）不难看出，p_{wi} 是实测值或计算值，要求 C_{wi}，关键在于求 δ_i。

若关井后液体退回地层，当 $q_{sc} = 0$ 时，$p_w = \bar{p}_R$，由式（3-48）可得：

图 3-10　校正后的二项式分析图

$C_{w0} = 2\bar{p}_R \delta + \delta^2$，解出 δ：

$$\delta = \sqrt{\bar{p}_R^2 + C_{w0}} - \bar{p}_R \qquad (3-50)$$

由此，可求出各工作制度下的 C_{wi}：

$$C_{wi} = 2\delta p_{wi} + \delta^2 \qquad (3-51)$$

由于 C_{w0} 是由 Δp^2—q_{sc} 实测曲线顺势向左延长与 Δp^2 的交点求出的。因此，C_{w0} 有可能偏大或偏小，此时，$(\bar{p}_R^2 - p_w^2 - C_w)/q_{sc}$—$q_{sc}$ 二项式产能曲线不为直线（图 3-11）。此时应调整 C_{w0}，重复上述过程，直到得出直线为止。

4）测试时井筒或井底附近残留液体逐渐吸净的识别

一些新井或措施后的井和含水量小的气井测试时，若测试前未进行大产气量放喷，井内或井底附近的残留液体，会随着测试产量的增大，残留液体被逐渐带出以致喷净，这时测试的 Δp^2—q_{sc} 指示曲线会如图 3-12 中的曲线①所示，曲线凹向 q_{sc} 轴，表明降低压差所获产量会越来越多，若再继续顺次回测，则可得正常曲线（图 3-12 中的曲线②）。

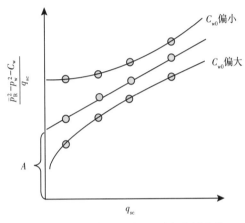
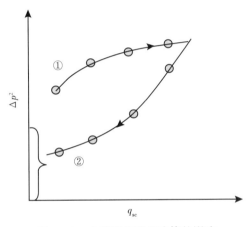

图 3-11　不同 C_{w0} 下的二项式分析曲线　　　　图 3-12　井筒附近残留液体的影响

5）底水锥进的识别

有底水存在的气藏，应特别注意控制测试产量，以免测试产量过大形成底水锥进甚至突入井中（图 3-13），特别是低渗透—致密砂岩气藏，底水锥进后，很容易造成水锁，对气井造成灾难性的伤害，而且很难解除。有底水的气井测试时指示曲线和二项式产能曲线分别如图 3-14、图 3-15 所示。

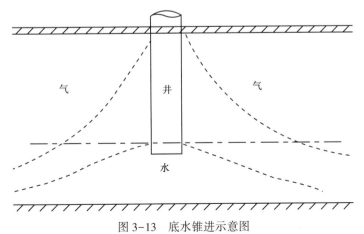

图 3-13　底水锥进示意图

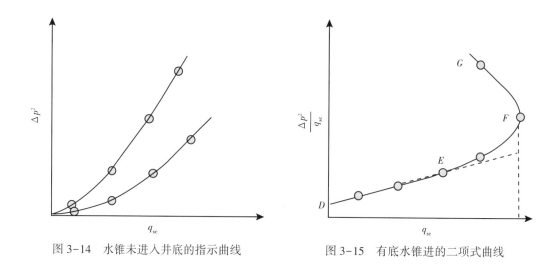

图 3-14　水锥未进入井底的指示曲线　　　　图 3-15　有底水锥进的二项式曲线

当底水上升靠近井附近，但水还未进入井内时，Δp^2—q_{sc} 关系曲线（图 3-6 中的曲线 2）将高于无底水上升时的指示曲线（图 3-6 中的曲线 1），此时井的产能仍服从二项式或指数式形式的产能方程。由于井内无液柱，正测试、反测试（即工作制度由小到大、由大到小测试系列）产能曲线将一致。

当底水已锥进井内时，正测试、反测试指示曲线一般不再重合，其二项式特征曲线随产量增大到一临界点后将发生倒转（图 3-15）。

DE 段：未形成水锥或水锥尚未达到井底，二项式特征曲线为一直线。

EF 段：水锥已淹没部分气层、渗流阻力增大，二项式特征曲线为一向上弯的曲线。

FG 段：水锥已淹没整个气层，气体必须穿过水的阻碍才能进入井中，气相有效渗透率显著下降，渗流阻力增大，因而出现随 Δp^2 增大，q_{sc} 反而下降，曲线发生倒转的现象。

对于有边水舌进的气藏，若测试井已受到边水舌进的影响，其产能测试曲线将呈现与底水锥进类似的情况。

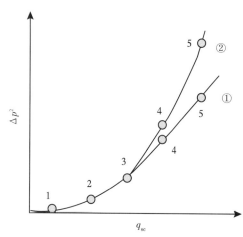

图 3-16　井底附近有凝析油析出的
产能测试指示曲线

6）凝析油的影响

对含凝析油的低渗透—致密砂岩气藏，一定要注意测试产量引起的压力降，是否会使井底流压低于露点压力，一旦凝析油在井底析出，不但凝析油很难采出，而且会阻塞井底周围的孔隙或喉道，阻止气体采出。若测试产量由小到大，在此过程中，小产量的测点不会引起井底流压低于露点压力，仍得正常曲线，若随测试产量增大，使井底流压低于露点压力，且凝析范围（两相区）随产量增大而扩大，此时，Δp^2—q_{sc} 曲线高于正常曲线。如图 3-16 中的 1、2、3 这三点，因不出现凝析油，测点与单相气藏正常产能曲线①重合；而 4、5 两点则因为出现凝析油后改变了井底渗流条件，使其不再与单相气体正常曲线①上的4、5点重合；由于凝析油析出使井底附近渗流阻力增大，因而出现凝析后的测试曲线②高于单相气体正常曲线①。

总之，低渗透气井比常规气井更容易受到各种因素的影响或干扰，引起测试压力和产能曲线异常。对于具体的测试井，若出现异常，必须具体分析，从地质、工程、工艺及井底结构和测试流程设备上详细查找原因，以得出正确的认识。

二、气井产能评价方法

1. 产能公式

1）达西公式

忽略重力的影响，气体的渗流服从达西定律和稳定流的质量守恒定律。如图3-17所示，设一水平、等厚的均质气层，气体径向流入井底。那么达西定律的气体平面径向流的基本微分表达式为：

$$q_{\text{r}} = \frac{K(2\pi rh)}{\mu} \frac{\mathrm{d}p}{\mathrm{d}r} \quad (3-52)$$

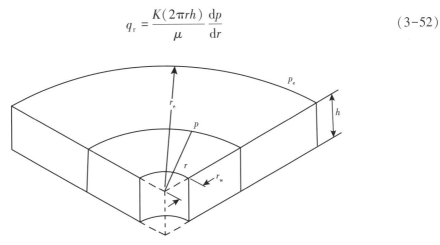

图3-17 平面径向流模型

根据连续方程、气体状态方程，取平均压力 $\bar{p} = (p_{\text{e}} + p_{\text{wf}})/2$，通过分离变量、积分得气体稳定流的达西产能公式：

$$q_{\text{sc}} = \frac{777.6Kh(p_{\text{e}}^2 - p_{\text{wf}}^2)}{T\bar{\mu}\bar{Z}\ln\dfrac{r_{\text{e}}}{r_{\text{w}}}} \quad (3-53)$$

式中 q_{sc}——标准状态下的气产量，m^3/d；

K——渗透率，mD；

μ——气体黏度，mPa·s；

Z——气体偏差系数；

T——气层温度，K；

h——气层有效厚度，m；

r_{w}——井筒半径，m；

r_{e}——泄气半径，m；

p_e——r_e 处的压力，MPa；

p_{wf}——井底流压，MPa。

以上公式把整个气层视为均质，从外边界到井底的渗透率没有任何变化，实际上，低渗透—致密砂岩气藏储层非均质性很强，且钻井过程的钻井液伤害或增产施工会使井底附近气层的渗透性变差或变好。将表皮效应产生的压降合并到总压降中，则稳定流达西产能公式变为：

$$q_{sc} = \frac{774.6Kh(p_e^2 - p_{wf}^2)}{T\bar{\mu}\bar{Z}(\ln\dfrac{r_e}{r_w} + S)}$$ (3-54)

式中 S——表皮系数，$S = \left(\dfrac{K}{K_a} - 1\right)\ln\dfrac{r_a}{r_w}$；

K——原气层渗透率；

K_a——变化了的渗透率；

r_a——井筒附近伤害带或改造带半径。

由于在低渗透—致密砂岩气藏中很难达到稳定流，故稳定达西产能公式在低渗透—致密砂岩气藏产能评价中很少用到。

2) 非达西流的产能公式

达西稳定流只有在低气流速时才存在。气流入井后，垂直于流动方向的断面上越接近井轴，其流速越大。井轴周围的高速流动相当于紊流流动，因此，在流动方程中除黏滞力影响外，还存在惯性力影响，它会使线性达西定律产生偏差，称为非达西流动。平面径向流非达西流动方程为：

$$-\frac{dp}{dr} = \frac{\mu u}{K} + \beta\rho u^2$$ (3-55)

式中 p——压力，Pa；

μ——流体黏度，Pa·s；

u——渗流速度，$u = q/2\pi rh$，m/s；

ρ——流体密度，kg/m³；

r——径向渗流半径，m；

K——渗透率，m²；

β——描述孔隙介质影响稳流的系数，称为速度系数，m⁻¹，$\beta = 7.644 \times 10^{10}/K^{1.5}$，$K$ 的单位为 $10^{-3}\mu m^2$）。

井筒中的气流越接近井轴流速越高，所以非达西流动产生的附加压降也主要发生在井壁附近，引用流量相关表皮系数 Dq_{sc} 来描述。

非达西流动压降为：

$$dp_{nD} = \beta\rho u^2 dr$$ (3-56)

式中 p_{nD}——压降，Pa；

β——速度系数，m⁻¹；

ρ——流体密度，kg/m^3；

u——渗流速度，$u = q/2\pi rh$，m/s；

r——径向渗流半径，m。

将，$\rho = \dfrac{M_g \gamma_g p}{ZRT}$，$u = \dfrac{p_{sc}}{T_{sc}} \dfrac{ZT}{p} \dfrac{q_{sc}}{2\pi rh}$ 代入式（3-56），积分后得到非达西流动压降定量表达式：

$$\Delta p_{nD}^2 = \frac{1.291 \times 10^{-3} q_{sc} T \bar{\mu} \bar{Z}}{Kh} Dq_{sc} \tag{3-57}$$

式中　D——惯性或紊流系数，$D = 2.191 \times 10^{-18} \dfrac{\beta \gamma_g K}{\bar{\mu} h r_w}$。

3）拟稳定状态下的气井产能公式

在一定的泄流面积内，气井定产量生产较长一段时间后，层内各点压力随时间的变化将趋于相同，不同时间的压力分布曲线成为一组平行的曲线族，此时的流动称为拟稳定状态流。

多井衰竭式开采的气田，气井采气完全靠泄气面积内气体的膨胀，没有外部气源补给的情况下，正常生产期内一般呈拟稳定状态。此时的气井产能公式为：

$$p_r^2 - p_{wf}^2 = \frac{1.291 \times 10^3 q_{sc} T \bar{\mu} \bar{Z}}{Kh} \left(\ln \frac{0.472 r_e}{r_w} + S + Dq_{sc} \right) \tag{3-58}$$

或：

$$q_{sc} = \frac{774.6 Kh (p_r^2 - p_{wf}^2)}{T \bar{\mu} \bar{Z} \left(\ln \dfrac{0.472 r_e}{r_w} + S + Dq_{sc} \right)} \tag{3-59}$$

式中　q_{sc}——稳定气产量；

h——有效储层厚度；

S——表皮系数；

p_r——半径 r 处的地层压力。

2. 经验方法

1）基于气井测试数据建立的二项式产能经验公式

利用气井试井资料确定气井产能方程时，将式（3-58）改写为：

$$p_r^2 - p_{wf}^2 = \frac{1.291 \times 10^{-3} T \bar{\mu} \bar{Z}}{Kh} \left(\ln \frac{0.472 r_e}{r_w} + S \right) q_{sc} + \frac{2.828 \times 10^{-21} \beta \gamma_g \bar{Z} T}{r_w h^2} q_{sc}^2 \tag{3-60}$$

令：

$$A = \frac{1.291 \times 10^{-3} T \bar{\mu} \bar{Z}}{Kh} \left(\ln \frac{0.472 r_e}{r_w} + S \right) \tag{3-61}$$

$$B = \frac{2.828 \times 10^{-21} \beta \gamma_g \bar{Z} T}{r_w h^2} \tag{3-62}$$

则：

$$p_{r}^{2} - p_{wf}^{2} = Aq_{sc} + Bq_{sc}^{2} \qquad (3-63)$$

$$\frac{\Delta p^2}{q_{sc}} = A + Bq_{sc} \qquad (3-64)$$

式中 A——层流系数；

B——紊流系数。

用气井产能试井可以实测几组 q_{sc}—Δp^2 数据，用这几组实测数据作出的 $\Delta p^2/q_{sc}$—q_{sc} 关系应是一直线，如图 3-18 所示，图中 A 为纵轴上的截距，B 为直线段的斜率，可确定 A 和 B。

此外，利用可靠的试井实测数据，也可用最小二乘法确定 A 和 B。

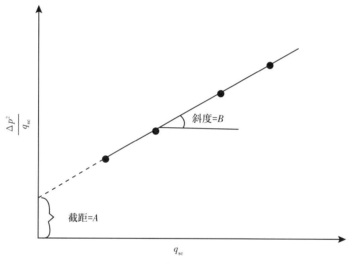

图 3-18 $\Delta p^2/q_{sc}$—q_{sc} 关系图

$$A = \frac{\sum \dfrac{\Delta p^2}{q_{sc}} \sum q_{sc}^2 - \sum \Delta p^2 \sum q_{sc}}{N \sum q_{sc}^2 - \sum q_{sc} \sum q_{sc}} \qquad (3-65)$$

$$B = \frac{N \sum \Delta p^2 - \sum \dfrac{\Delta p^2}{q_{sc}} \sum q_{sc}}{N \sum q_{sc}^2 - \sum q_{sc} \sum q_{sc}} \qquad (3-66)$$

式中 N——取点总数。

A、B 一经确定，该井的产能方程即可写出。

2）基于气井生产数据的指数式产能经验方程

Rawlins 和 Schelhardt 根据大量气井生产数据总结出的气井指数式产能经验方程，它描述了在一定的 p_r 下，q_{sc} 与 p_{wf} 之间的关系式为：

$$q_{sc} = C(p_{r}^{2} - p_{wf}^{2})^{n} \qquad (3-67)$$

式中 q_{sc}——气产量，$10^4 m^3/d$；

p_r——平均地层压力，MPa；

p_{wf}——井底流压，MPa；

C——系数，$(10^4 m^3/d)(MPa)^{-2n}$；

n——指数。

对式（3-67）两边取对数，得：

$$\lg q_{sc} = \lg C + n\ln(p_r^2 - p_{wf}^2) \tag{3-68}$$

气井产能试井可以实测几组 q_{sc}—Δp^2 数据，在双对数坐标图上做出的 q_{sc}—Δp^2 应成一直线，如图 3-19 所示，n 为图中直线斜率的倒数，$n = 1/$斜率。延长直线段到与纵轴 $\Delta p^2 = 1$ 的水平横线相交，交点对应于横轴的 q_{sc} 值即为所求的 C。

若指数 n 已经确定，可直接取直线上的一个点求 C 值，通过产能试井确定出气井的 n 和 C，也就确定了该井的指数式产能经验方程。例如：

$$C = \frac{(q_{sc})_1}{(p_r^2 - p_{wf}^2)_1^n} \tag{3-69}$$

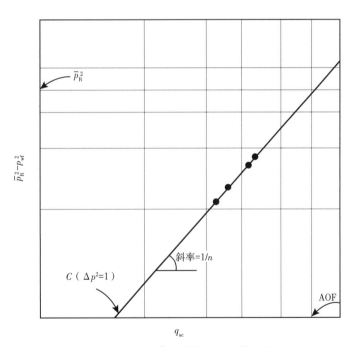

图 3-19 q_{sc}—Δp^2 关系图（双对数坐标）

3. 产能试井方法

气井产能试井方法有：单点试井、常规回压试井（多点试井）、等时试井、修正等时试井、改进的修正等时试井（叶昌书，1997；李治平等，2002；唐俊伟，2004；李跃刚等，1998；庄惠农，2004；黄炳光等，2004）。

1）单点试井测试

测试原理及所取得的资料。一点测试法是只测试一个工作制度下的稳定压力，其测试时的产量和井底流动压力的变化如图 3-20 所示，所取得的资料见表 3-2。

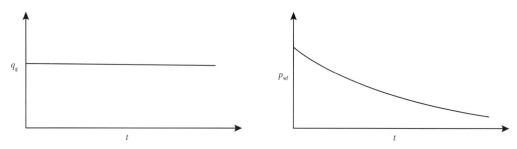

图 3-20　一点法测试产量及井底流动压力变化示意图

表 3-2　一点法测试所取得的资料

测试时间 （h）	产气量 （$10^4 m^3/d$）	产油量 （t/d）	产水量 （m^3/d）	井底压力 （MPa）
t_1	0	0	0	p_e
t_2	q_g	q_o	q_w	p_{wf}

一点测试法产量及流动时间的确定。国内几十口井的测试结果表明，当 $(p_e^2-p_{wf}^2)/p_e^2>0.2$ 时，$\lg(q_g/q_{AOF})$ 与 $\lg[(p_e^2-p_{wf}^2)/p_e^2]$ 成一条很好的直线关系，为此，以 $p_D=0.2$ 作为极限来进行研究，得到如下的产量关系式：

$$q_g \approx 0.36 q_{AOF} \tag{3-70}$$

由式（3-70）可知，若气井的无阻流量为 $10 \times 10^4 m^3/d$，那么，用一点法进行测试时，气井的测试产量须大于 $3.6 \times 10^4 m^3/d$，否则，由一点法得到的气井产能将存在较大偏差。

进行一点法测试时，储层中的流动必须达到拟稳态。在实际测试中，当压力随时间不再有明显的变化时，就说明压力已经稳定了。对于致密地层，压力稳定需要很长时间。一般用下式计算：

$$t_s = \frac{74.2 \phi \bar{\mu} r_e^2 S_g}{K p_e} \tag{3-71}$$

式中　t_s——稳定流动时间，h；

r_e——排泄面积的外半径，m；

$\bar{\mu}$——在 p_e 下的气体黏度，$mPa \cdot s$；

ϕ——储层岩石的孔隙度，小数；

K——气层有效渗透率，mD；

S_g——含气饱和度，小数。

实际测试中可根据各气田的情况，出压力下降的速度来确定。在指定的时间内，压力的下降对于不同的井而言是不同的，甚至对一口具体的井来说，也是随着产量变化的。但如果一个气田上有多口井或测试井数较多，则可以总结出一个经验值来用于其他井的处理。也可以将实测的压力和时间进行数学求导，若在一段时间内压力对时间的导数趋于一个常数，可认为该井已达到了稳定。此时，可以结束该井的测试。

单点试井测试方法的优缺点。一点法测试可以大幅缩短测试时间，减少气体的放空和节约测试费用。对于缺少集输装置的新区探井来说，是一种高效的测试方法。缺点是对资料的分析方法带有一定的经验性和统计性，其分析结果误差较大。

2）常规回压试井

测试原理及所取得的资料。常规回压试井，即多点试井，是在气井以多个产量生产的情况下，测取其相应的井底流压。其测试方法是：以一个较小的产量生产，测取相应的稳定井底流压，再增大产量，再测取相应的稳定流压，如此改变 4~5 个工作制度。其测试过程中的产量与其流压的关系如图 3-21 所示，所取得的数据见表 3-3。

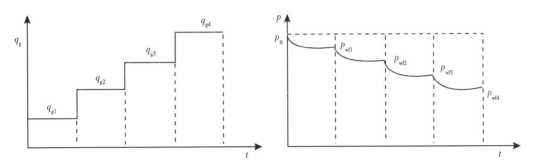

图 3-21　系统试井产量及井底流动压力变化示意图

表 3-3　系统试井测试所取得的资料

序号	0	1	2	3	4
产气量（$10^4 m^3/d$）	0	q_{g1}	q_{g2}	q_{g3}	q_{g4}
井底流压（MPa）	p_e	p_{wf1}	p_{wf2}	p_{wf3}	p_{wf4}
产油量（t/d）	0	q_{o1}	q_{o2}	q_{o3}	q_{o4}
产水量（m^3/d）	0	q_{w1}	q_{w2}	q_{w3}	q_{w4}

常规回压试井测试产量及流动时间的确定：

（1）以气井的无阻流量确定气井的测试产量。

在进行常规回压试井时，最小产量可取为气井无阻流量的 10%，最大产量可取为气井无阻流量的 75%，在最小产量和最大产量之间再选两个产量，这样就构成了系统试井的 4 个产量工作制度。在气井未测试之前，一般难以确切知道气井的无阻流量，可用钻柱测试资料估算的方法或用静态资料估算的方法。

（2）以气井的生产压差确定气井的测试产量。

在难以估算无阻流量的情况下，可以用气井的生产压差估算气井的测试产量，最小产量的生产压差定为地层压力的 5% 左右，最大产量的生产压差定为地层压力的 25% 左右。

常规回压试井测试方法要求每一工作制度下必须要达稳定，其稳定时间可参考一点法测试的时间确定法确定。

常规回压试井测试方法的优缺点。常规回压试井测试是经常采用的方法之一，具有资料多、信息量大、结果可靠的特点，多年来，深受矿场科技工作者的欢迎。但其测试时间长、测试费用高，对于新井而言，导致资源浪费大，因此，该方法不宜在新井中使用。

3）等时试井测试

（1）测试原理及所取得的资料。

常规试井是在稳定条件下进行的，它把每一个产量都延续到足够长的时间，以使探测半径达到气藏的外边界或者相邻井之间的交界点。如果一个多点试井的每一个产量都持续一段固定的时间而没有足够的稳定，那么作为生产时间函数的有效驱动半径对每一点都是一样的。故在一个已知的气藏中有效驱动半径只是无量纲时间的函数，而与产量无关。研究表明，一组产量不同而生产时间相等的试井数据在双对数坐标图上将得出一条直线，且这种动态曲线具有的指数式幂值 n 或二项式紊流系数 b 与稳定流动条件下得到的基本相同。故 n 和 b 可以根据短期（不稳定的）的等时试井得到，而指数式产能方程系数 C 或二项式层流系数 a 则只能从稳定条件下求得。因此，只要把等时数据与一个稳定流数据点相结合，就可替代完全稳定的常规产能试井。为达到稳定条件，其中一个测试点要进行足够长的时间，以达到稳定条件。其测试产量及井底流动压力变化如图 3-22 所示，等时试井测试所取得的资料见表 3-4。

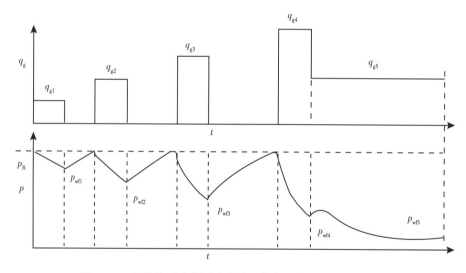

图 3-22　气井等时试井测试产量及井底流动压力变化示意图

表 3-4　等时试井测试所取得的资料

	序号	0	1	2	3	4	5
产量	q_g（$10^4 m^3/d$）	0	q_{g1}	q_{g2}	q_{g3}	q_{g4}	q_{g5}
	q_o（t/d）	0	q_{o1}	q_{o2}	q_{o3}	q_{o4}	q_{o5}
	q_w（m^3/d）	0	q_{w1}	q_{w2}	q_{w3}	q_{w4}	q_{w5}
井底流压（MPa）			p_{wf1}	p_{wf2}	p_{wf3}	p_{wf4}	p_{wf5}

（2）测试产量及流动时间的确定。

在进行等时试井测试时，要求首先以一个较小的产量开井生产一段时间，然后关井，待恢复到地层压力后，再以一个稍大的产量开井生产相同的时间，然后又关井恢复，如此进行四个工作制度后，再以一个较小的产量生产到稳定。这里测试产量序列确定原则和方法与常规回压试井一样，产量序列必须由小到大，最后的延时生产又以较小的产量进行。

对于等时流动期，开井生产时间必须大于井筒储集效应的时间，并且要求开井流动时间不能太短，以便在流动期能反映出地层的特性，故等时试井流动时间的确定如下：

$$t_p = 62.49 \frac{\phi \mu_g C_g}{K} \tag{3-72}$$

式中　ϕ——储层孔隙度；

μ_g——储层温度、压力下的气体黏度，mPa·s；

C_g——储层温度、压力下的气体压缩系数，MPa^{-1}；

K——储层渗透率，mD。

每一工作制度生产后的关井时间以保证压力恢复到原始地层压力即可。最后一个延续期流动要求达到稳定，其稳定时间可采用一点法测试稳定流动时间的确定方法。

（3）等时试井测试的优缺点。

等时试井与常规回压试井相比，极大地缩短了开井的时间，但由于每个工作制度都要求关井恢复到原始地层压力，使得关井恢复时间较长，整个测试时间仍然较长，测试费用仍比较高。

4）修正等时试井测试

（1）测试原理及所取得的资料。

在低渗透气藏特别是致密气藏中，在测试期间要关井恢复到原始压力是不切实际的。为此，Katz 等提出了一种修正的等时试井，即关井恢复的时间与开井生产时间相等。其测试时的产量和井底流压变化如图 3-23 所示。测试资料见表 3-5。

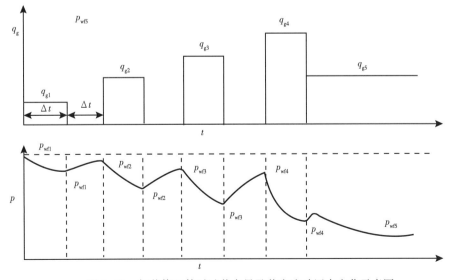

图 3-23　气井修正等时试井产量及井底流动压力变化示意图

表 3-5　修正等时试井测试所取得的资料

序号		1		2		3		4		5	
		开井	关井	开井	关井	开井	关井	开井	关井	开井	关井
产量	q_g（$10^4\text{m}^3/\text{d}$）	q_{g1}	0	q_{g2}	0	q_{g3}	0	q_{g4}	0	q_{g5}	0
	q_o（t/d）	q_{o1}	0	q_{o2}	0	q_{o3}	0	q_{o4}	0	q_{o5}	0
	q_w（m^3/d）	q_{w1}	0	q_{w2}	0	q_{w3}	0	q_{w4}	0	q_{w5}	0
井底流压（MPa）		p_{wf1}	p_{ws1}	p_{wf2}	p_{ws2}	p_{wf3}	p_{ws3}	p_{wf4}	p_{ws4}	p_{wf5}	p_{ws5}

（2）修正等时试井流动期产量和流动时间的确定方法。

修正等时试井流动期产量的确定方法与常规回压试井的方法基本相同，产量序列也是采用递增方式。

测试流动期的时间必须大于井筒储集效应时间，所测结果能反映地层的特性。等时流动时间也可采用式（3-72）计算得到，井筒储集效应结束的时间可按现代试井分析的有关理论进行计算，比较二者，选其中大的一个作为修正等时试井流动时间。对于修正等时试井延续期流动时间的确定，理论上要求延续流动时间必须持续到压力稳定之后，其确定方法可按一点法测试的确定方法。

（3）修正等时试井测试的优点。

修正等时试井测试方法是等时试井测试方法的改进，实际测试时，只要求所有工作制度的开井时间和关井时间都一样，大幅缩短了测试时间，操作起来也方便，因而得到了广泛应用。

5）改进的修正等时试井测试

（1）修正等时试井现行资料处理方法的缺陷。

修正等时试井现行的资料分析方法在计算每一个生产制度的压差时，采用了实际的最大不稳定关井压力，显然，这隐含了一个假设，即各个生产制度的压降仅取决于该制度的产量，而与以前的压力、产量无关，这与气井生产实际不符。因此，现行分析方法会导致两个方面的问题：一是影响不稳定产能直线的斜率，即计算的二项式方程系数 B 偏小，特别是对低渗透—致密砂岩气井，由于地层压力下降快，不稳定二项式产能直线偏离第一个不稳定点的幅度比较大，直线斜率为负，对此现行分析方法无法处理；二是对于供给能力差的气井，当气井经过较长时间的生产时，地层压力已有一定幅度的下降，因此在确定稳定二项式产能方程时，如果直接采用原始地层压力势必产生较大的误差。

（2）改进方法的原理及所需的资料。

根据现场的实际应用和对气田资料求取的不同要求，对修正等时试井的经典方法做了改进，也就是在第四次开井后增加了一次关井，并在延时开井后增加了一次终关井压力恢复测试，由于终关井时间比较长，所获得的压力恢复资料包含了更多的储层信息，通过不稳定试井解释，可更好地获取相应的储层参数。

从渗流力学可知，均质无限大地层中，气井定产开井后其早期不稳定流阶段的压力动态关系式为：

$$p_i^2 - p_{wf}^2 = m\left[\lg t + S^*\right]q + Bq^2 \tag{3-73}$$

其中：

$$m = \frac{1.4866 \times 10^{-3} T \bar{\mu} \bar{Z}}{Kh}, \quad S^* = \lg\left(\frac{K}{\phi \bar{\mu} \bar{C}_g r_w^2}\right) - 2.098 + 0.869S, \quad B = 0.869 \text{mD}$$

式中　p_i——原始地层压力，MPa；

　　　p_{wf}——井底流动压力，MPa；

　　　t——生产时间，h；

　　　q——气井产量，$10^4 \text{m}^3/\text{d}$；

　　　T——地层温度，K；

　　　$\bar{\mu}$——天然气黏度，mPa·s；

　　　$\bar{Z}$——偏差因子；

　　　K——有效渗透率，mD；

　　　h——气层有效厚度，m；

　　　f——孔隙度；

　　　$\bar{C}_g$——气体等温压缩系数，MPa^{-1}；

　　　r_w——井眼半径，m；

　　　S——表皮系数；

　　　D——惯性系数，$(10^4 \text{m}^3/\text{d})^{-1}$。

结合渗流叠加原理，无穷大均质地层中一口气井，以变产量生产时其井底压力变化可以用下式表示：

$$p_i^2 - p_{wf}^2 = m \sum_{i=1}^{n} (q_i - q_{i-1})\left[\lg(t_i - t_{i-1}) + S^*\right] + Bq_i^2 \tag{3-74}$$

设修正等时试井的等时间距为 t_0，四个工作制度的产量分别为 q_1、q_2、q_3、q_4，延时产量为 q_5。每个生产制度均在 Δt 时刻构成一组不稳定等时点，并令：

$$\alpha = \Delta t / t_0 \tag{3-75}$$

采用叠加原理，根据式（3-74），每一生产制度下生产 Δt 时间的压力动态通式为：

$$\frac{p_i^2 - p_{wfn}^2(\Delta t)}{q_n} - \Delta p_n^* = m\left[\lg(\Delta t) + S^*\right] + Bq_n \tag{3-76}$$

其中：$\Delta p_n^* = \dfrac{m}{q_n} \sum_{i=2}^{n} q_{n-i+1} \lg \dfrac{2(i-1)+\alpha}{2(i-3)+\alpha}$（其中 $n > 1$，当 $n = 1$ 时 $\Delta p_n^* = 0$）

式（3-76）的右边就是不稳定二项式产能方程的标准形式，如果以 $\left[q_n, \dfrac{p_i^2 - p_{wfn}^2(\Delta t)}{q_n} - \Delta p_n^*\right]$ 为坐标点，在直角坐标系中可得到一条直线，也就是不稳定产能直线，其斜率为二项式的系数 B，截距为二项式的系数 $A_t = m\left[\lg(\Delta t) + S^*\right]$，式中的 m 可由多流量试井叠加图获得。

在早期不稳定流阶段，二项式产能方程系数 A_t 是时间的函数，随生产时间的延长，其值逐渐增大，当渗流达到拟稳态时变为固定的 A 值，此时可得到稳定产能方程。由此计算的无阻流量才能真正反映气井的实际生产能力，因此对稳定点的计算应以流动刚刚进入拟稳态时的生产数据为准。

如果设延时段生产达到拟稳态的时间为 Δt_p，并令 $\alpha_p = \Delta t_p / t_0$，那么同样根据叠加原理可得到生产刚刚达到拟稳态时的压力动态为：

$$\frac{p_i^2 - p_{wf5}^2(\Delta t_p)}{q_5} - \Delta p_5^* = m\left[\lg(\Delta t_p) + S^*\right] + Bq_5 \qquad (3-77)$$

其中：

$$\Delta p_5^2 = \frac{m}{q_5} \sum_{i=2}^{5} q_{5-i+1} \lg \frac{2(i-1) + \alpha_p}{2(i-3) + \alpha_p} \qquad (3-78)$$

以式（3-77）的 q_5 为横坐标，以公式左边项为纵坐标得到的点即为稳定点的坐标。

从前面的推导可知，在取得修正等时试井资料后，如何根据实际资料确定气井生产是否达到拟稳态也是准确评价气井产能的关键，根据渗流理论，达到拟稳态时压力平方与时间之间成线性关系，因此采用延时生产时间段的压力数据做 $p_{wf}^2(\Delta t)$—t 图，直线段开始的位置即为达到拟稳态的时间 Δt_p，该时间对应的压力即为生产刚刚进入拟稳态时的井底压力。

第四节　气井合理配产分析

一、气井生产特征及存在问题

低渗透—致密砂岩气井的生产特征与常规气井有明显不同，初始阶段为不稳定渗流阶段，由于储层渗透率低，周围气体来不及补给，造成井底及近井地带暂时性亏空，井底压力骤降，产量开始减小。随之，由于生产压差增加，周围的供气能力增加，产量和压力趋于平衡，流动达到拟稳定状态。在较低产量和压力下，气井能够连续生产很长时间，这一阶段是主要的生产期。因此，低渗透—致密砂岩气井的合理配产和动态控制储量的确定成为难点，特别注意的是不能用早期的生产数据做出决定，以免造成配产较高或动态控制储量太小；而是要尽量利用拟稳定阶段的数据进行合理配产和动态控制储量计算。

二、气井合理配产方法

确定低渗透—致密砂岩气藏气井合理产量是高效开发该类气藏的基础。气井配产量过高，可能会造成低渗透储层应力敏感、速敏等不利影响，对储层构成伤害，降低储层的渗流能力及气井产量和寿命；若配产量过低，从低渗透储层的供产关系上来讲，是有利的，但气量速度太少，使经济效益大幅降低，也是不可取的。影响气井合理配产的因素很多，包括气井产能、生产系统、工程因素及气藏的开发方式和社会经济效益等。从不同的角度出发，有不同的结论。现介绍有关低渗透—致密砂岩气井的配产常用的方法。

1. 无阻流量法

无阻流量法是一种经验方法，就是根据气井无阻流量的大小，按无阻流量的 1/3~1/6 进行配产。实践经验表明，要结合气井的类型，确定比例的大小。一般说来，无阻流量较高的气井，配产量占无阻流量的比例取偏小值，其主要原因是气井的生产压差与产量在某一极限值以下，近于一条直线，即气井产量随着生产压差的增大而增加。当生产压差超过这一极限时，产量的增加与压差不再成线性关系，单位压差的采气量随压差的增大将越来越少。故试气产量和试气压力的准确性直接决定了气井配产的合理性。

2. 采气指示曲线法

气井的二项式产能方程是采气指示曲线法评价气井合理产量的基础。从二项式方程 $\Delta p^2 = AQ + BQ^2$ 中可以看出，在气体从地层流向井底的过程中，压力损失由两部分组成：右端第一项是用来克服气流沿程黏滞阻力的，第二项是用来克服气流沿程惯性阻力的。当气井产量较小时，地层中气体流速低，主要是第一项起作用，表现为线性流动，气井产量与压差之间成直线关系（图 3-24 中的曲线 1）。

当气井产量增大时，随着气流速度的增大，第二项作用越加明显，气井产量与压差之间不是直线关系，而是呈抛物线关系（图 3-24 中的曲线 2）。从图 3-24 中可看出，一旦气井的气流量增大到一定值，气井生产所消耗的压力降将部分消耗在非线性流动上，造成地层地层能量的浪费，降低生产效率。因此把采气曲线开始偏离直线段的那一点所对应的产量，图 3-24 中 a 点所对应的产量定为气井的合理产量。

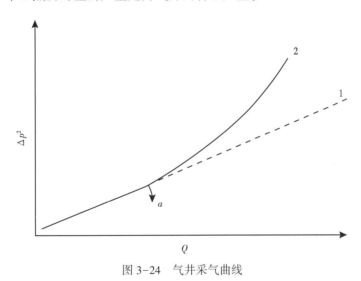

图 3-24　气井采气曲线

首先根据地层静压、试气稳定流压、产量及无阻流量，确定出二项式产能方程系数 A、B 的值；然后依据产能方程，计算不同压差下的产量，绘制 Δp^2—Q_g 曲线并确定合理产量和生产压差。

该方法对压力的要求比较高，且在气井的生产已经满足稳定二项式方程时才比较准确。对于低渗透—致密砂岩气藏，储层结构及其渗透性复杂，大多数流动为非线性流，纯粹的线性流很难发现。因此，在对低渗透气井配产时，不能单靠该法来确定气井合理产量。

3. 动态数据折算法

动态数据折算法是一种简单的数学方法，不需要关井、测试压力，只根据生产动态数据，即可得到气井的近似合理产量。

首先绘制气井生产时间与日产量和累计产量的关系曲线，在气井生产曲线上找出不同的日产量所对应的累计产气量，然后折算以该产量生产的天数，形成数据表，以折算天数和配产量作图，并回归两者关系式，利用关系图或关系式即可确定出某一稳产时间下的合理配产量或某一配产量下的稳产时间。

该方法操作简单，对气井资料要求不高，但是必须要保证气井产量整体保持递减。因此，该方法在低渗透气井配产时较为常用。

4. 压降速率法

气井在生产过程中，压力扩散与拟稳态渗流两个阶段具有不同的压降速率，通过该参数可确定气井的合理配产。压降速率法就是根据区块典型井数据，利用数值模拟方法，模拟出压力扩散和拟稳态渗流两个阶段的压降速率，总结两个阶段压降速率的界限值，以此作为生产井配产合理与否的间接约束条件，即可基本确定出合理配产范围。

该方法是一种半定量方法，确定配产量是一个合理的范围，而不是一个固定值。故单独采用这种方法所给的配产不能用于方案设计，应与其他方法联合使用，以确定更准确的配产量。

5. 数值模拟法

随着数值模拟技术的发展，为了准确确定一口气井的合理产量，一般通过数值模拟计算，特别是具有边（底）水的低渗透—致密砂岩气藏更是如此。

首先建立气藏三维地质模型，利用生产数据进行区块或单井历史拟合，不断调整气藏静态参数场；基于拟合后的模型，预测不同稳产年限下的配产量和累计产量，以及各种生产条件下地层水的侵入速度和侵入量等；再根据区块的采气规模、稳产年限、对地层水侵入速度的要求及累计产气量最大化的原则，确定气井的合理产量。

该方法的优点是能直观、准确地确定区块或单井在不同稳产条件下的配产水平，以及区块中各井区的地层压力变化情况；缺点是对三维地质模型与实际地层认识的吻合性要求较高。

第四章　低渗透—致密砂岩
气藏描述技术

油藏描述的概念提出在先，气藏描述是在近年来天然气开发业务不断发展扩大下逐渐发展和独立出来的，特别是国内低渗透—致密砂岩气藏的规模开发，更是极大地推动了气藏描述技术的进一步发展。气藏描述与油藏描述息息相关，在对地质体的描述上，油藏和气藏差别不大，研究内容和技术手段都是通用的，但是由于原油与天然气地球物理响应、流动机制和开采方式不同，因此油藏描述与气藏描述的本质差别就体现在孔隙流体性质不同导致的相关描述方法技术的不同，本章重点阐述气藏描述的个性化描述内容和技术方法。

第一节　气藏描述的含义

一、气藏描述的概念

气藏描述是指气藏发现后，为正确评价和合理开发气藏，对其开发地质特征和储量分布所进行的全面精细描述的综合性技术。精细气藏描述是指气田投入开发后，随着气藏开采程度的提高和动（静）态资料的增加所进行的精细地质研究与剩余气描述，并不断地完善已有地质模型和量化剩余气分布所进行的研究工作。长期以来，油藏描述实际上包含了油藏和气藏，作为统一的体系在发展，很少把气藏描述独立看待。2005 年以来，国内天然气开发业务不断深入，以四川盆地为主的天然气开发，逐渐扩大到塔里木盆地、鄂尔多斯盆地，在气藏类型上也出现了深层高压气藏、复杂碳酸盐岩气藏、低渗透—致密气藏和火山岩气藏等，对气藏的描述内容和描述技术的需求不断增加，也不断推动了气藏描述向独立的技术体系发展。

近年来，随着气藏开发的不断深入，相当一部分气田经历了较长的开发阶段，甚至进入开发后期，逐渐积累了针对气藏的一些描述方法和技术手段，明确了在气藏开发的不同阶段气藏描述需要开展的描述内容和要达到的描述目标，气藏描述的方法体系从油藏描述中分离出来。尤其是天然气开发对象日益复杂，特别是以致密气为主的非常规气藏的大规模开发，油藏描述技术在描述气藏的过程中，表现出了一定的不适应性。如致密气的储层孔隙度、渗透率较低，含气饱和度相对较低，多数具有较高的束缚水饱和度，因此常规的油藏描述技术不能有效地解决致密气的气水层识别和气体泄流范围描述等问题，需要发展有针对性的气藏描述技术方法。在这一开发形势下，气田开发工作者不断面对新的开发问题，寻求问题的解决方法，在摸索实践中推进了气藏描述技术的发展。

对比油藏描述与气藏描述的异同点，大多数技术是相通的，没有本质的差别，但是在技术应用的主要内容、解决的问题及应用目标上存在差异。对于油藏描述而言，国内自 20

世纪 60 年代大庆油田投入开发以来，形成了以"小层精细对比、储层三大非均质性表征"为特色的注水开发油田的油藏描述技术，并随着井网调整、精细注水、深部调驱、化学驱、CO_2 驱等开发技术的发展，大力开发以剩余油的精细表征为目标油藏精细描述技术。而对于气藏描述而言，与油藏描述相比，地质描述参数和方法是基本一致的，气藏描述要更加突出动态描述与静态描述的结合，发展以"储渗单元规模及泄流边界描述"为核心的气藏描述技术体系。

气藏描述与油藏描述的主要差异不是地质体的差别，而是由于地层流体的不同导致的地质体描述目标和流体开发方式的不同。对于油田而言，油水两项均为液体，且开发过程中可以通过注水等方式补充地层能量，而气田发育天然气和地层水气液两相，气体易于流动，开发过程中主要依靠地层能量，目前尚没有气田补充能量的开发方式。因此，气藏描述和油藏描述的主要差别主要体现在以下两个方面。

（1）因流体性质不同造成油藏与气藏描述的差异。

气藏不同于油藏，气体易流动，可压缩性大，同时受地层水的影响比油藏大，尤其是低渗透—致密气藏，产水量增大会导致气井不能生产。鉴于流体性质不同，油藏、气藏描述的差异包括：①气体的流动性好，压力传导范围大，开采过程中通常井距较大，尤其是对于常规气藏，井距可以千米计，即便是致密气藏井网比较密，其井距也多在 100m 以上，而油藏开发井距可以在 50m 以下；井距较大，造成对井间储层预测难度更大；②气藏的气层识别方法与油藏的油层解释方法大致是相通的，但在地球物理响应特征上有一定差异。对于常规测井资料，气层除了具有高阻等普通特点外，也具有一些独特的识别特征，如气层具有挖掘效应，而油层没有。在地震资料响应特征方面，气层特点更为突出，形成了地震频谱衰减气层识别、AVO 气层识别和叠前地震反演等技术，而针对油层的地震响应特征不够明显，预测难度更大；③气层可压缩性非常强，气体物理性质随压力变化的幅度更大，气藏工程的参数更复杂；④天然气与原油的流动机制存在较大差异，气体依靠压差进行流动，具有扩散特点。

（2）因开发方式不同造成油藏与气藏描述的差异。

油藏与气藏的开发方式完全不同，大部分油田依靠天然能量产出的油量不大，主要靠补充能量开发，可通过抽油机抽汲、注水补充能量开采和注聚合物开采等方式开采。因此，对于油藏而言，注采系统是描述的核心，决定了储层不同尺度非均质性及其引起的三大注采矛盾是描述重点。气藏靠天然能量衰竭式开发，对气藏压降波及范围是描述的核心。气藏压降波及范围主要取决于储渗单元的规模大小、分布特征及气水流动特征，对于非常规气藏而言，也与相应的钻井、储层改造开发工艺有一定的关系，因此气藏描述需要结合开发工艺技术，描述气体泄流单元的规模尺度，这与油藏描述不同。

二、气藏描述的主要参数

鉴于气藏开发的一些特性，借鉴国内建立的油藏描述的关键内容，针对气藏描述需要解决的问题，将气藏描述内容总结为静态描述和动态描述两大部分、8 个特征要素、35 类主要参数（表 4-1）。

气藏特征要素构成了气藏的全部，包括地层、构造、储层、流体、边界条件、地层能量、地应力场、储量这八个方面的气藏特征要素的描述在不同阶段的侧重点可能存在差异，但基本覆盖了气藏开发的整个过程。

表4-1　气藏描述主要参数表

气藏特征要素	静态描述参数	动态描述参数
地层	不同级别的地层界线、厚度、岩性组成	
构造	关键层面的构造形态、断层	断层封闭性
储层	岩性、储集空间、裂缝参数、物性、储层几何形态与连通性、净毛比	应力敏感性、出砂、多重介质渗流特征
流体	流体组分、地层水产状	相对渗透率、相态、气体物性、水侵方式及能量
边界条件	圈闭边界、气水界面、储渗单元地质边界	压降边界或流动边界
地层能量	地层压力、温度、边（底）水能量	压力场分布
地应力场	弹性模量、主应力方位	
储量	储能系数/丰度、未开发探明储量	动态储量或最终可采储量（EUR）、储量动用程度和剩余储量

1. 地层

对地层的认识是地质研究的基础，宏观上包括地层时代、地层结构、地层分布，落实到气藏规模，重点是气层发育的不同级别的地层界线、地层厚度和地层岩性组成，这三个要素的描述能够为气藏储层分布规律的研究奠定基础。描述结果主要体现在地层格架和岩性组合的建立上。

2. 构造

构造描述的核心参数是层面的构造形态、断层分布和断层的封闭性。大多数气藏均受构造发育形态的影响，即使是致密气藏，其气水分布也会受到局部微构造幅度变化的影响，或者受构造裂缝分布的影响，因此构造描述的结果不仅要解决区内构造形态及幅度变化问题，还要揭示断层的分布及其对气层分布的控制作用；尤其是对复杂构造型气藏，对构造认识精度的提高是气藏开发逐渐深入的必然要求。

3. 储层

储层描述以静态参数为主，同时也涉及几个关键的动态参数。静态参数包括岩性、储集空间、裂缝参数、物性分布、储层几何形态与连通性、净毛比。动态参数包括应力敏感性、出砂和多重介质渗流特征。储层描述是气藏开发的基础，不同气藏储层类型多样，分布规律差异大，物性变化复杂，因此储层描述是气藏描述的核心，也是难度大、方法多、综合性强的气藏描述任务。对储层描述所利用的资料包括岩心、测井、地震等静态资料，也包括试井、试气等生产动态资料，涉及的学科领域十分广泛。储层描述的主要结果要给出气层富集区、气层分布的连续性和连通性，为井网井距的确定提供依据。

4. 流体

气藏流体主要为气水两相，如凝析气藏存在凝析油。流体描述主要为动态参数，包括相对渗透率特征、相态特征、气体物性和水侵方式及能量；静态参数较少，为流体组分性质和地层水产状。对气藏而言，除了描述气层的分布外，对气藏水体的描述非常重要，对于边（底）水气藏，水体的锥进会造成气藏水淹，导致气藏无法开采；对于层间滞留水发育的气藏，水体的分布直接影响气井的开发效果；目前对于层间滞留水发育的气藏，尚没有有效的方法预测水体的分布。流体描述的结果主要是解决气水分布规律问题。

5. 边界条件

边界条件描述是气藏描述的一个特色。气藏开发是利用气藏压力采气，边界条件决定了气体的泄压范围，对气井的产能、整个气藏的可动用储量有着直接影响。边界条件描述的静态参数主要是圈闭边界、气水界面和储渗单元地质边界，动态参数关键是压降边界和流动边界。

6. 地层能量

地层能量描述的核心是地层压力的变化。气藏开发过程中，压力的变化直接反映了气体采出程度，因此可以说对气藏而言压力描述是气藏开发整个过程中都必不可少的研究内容。地层能量描述的静态参数为地层压力、温度和边（底）水能量，在气藏开发早期尤为重要。地层能量描述动态参数为压力场分布，体现在气藏开发过程中压力的变化，能够指导气藏未开发储量的分布预测。

7. 地应力场

地应力场描述是对气藏认识的一个补充，主要是针对非常规气藏更有意义，与储层改造工艺的实施密切相关，描述的参数包括弹性模量和主应力方位。

8. 储量

储量描述具有阶段性。开发早期描述的参数重点是储能系数和储量丰度、未开发探明储量；开发中后期描述的参数主要是动态储量或最终可采储量（EUR）、储量动用程度和剩余储量分布。储量描述也是一项综合性的描述内容，需要利用静态、动态多种参数综合论证。

三、气藏描述阶段划分

气藏描述阶段划分与油藏具有一定的相似性，比油藏开发阶段更少。

油田开发的阶段性早已被人们认识，而且已形成一些通用的阶段和基本做法，大同小异。一般来说一个油田在发现后大致可分为评价阶段、方案设计阶段、实施阶段、监测阶段、调整阶段（高含水阶段）、三次采油阶段，最后到油田废弃。每一阶段都反映了人们对油藏认识的深化。总体来看这些阶段可归为早、中、晚三个大的开发阶段，或者可分别称为油田开发准备阶段、主体开发阶段和提高采收率阶段这三大开发阶段。从油藏描述的角度看，三个大的阶段对应的油藏描述有着很大的差别，表现在所拥有资料的程度、要解决的开发问题及油藏描述的重点和精度都不相同，所采用的油藏描述技术和方法也有很大差异。因此，目前油藏描述划分为早、中、后三个阶段已经形成共识。

对应气田而言，从生产阶段可以划分为评价阶段、方案设计阶段、实施阶段、监测阶段、调整阶段，最后到气田的废弃，比油田要少。也可以依据生产部署划分为产能建设阶段、稳产阶段和递减阶段。与油田相比，气田开发相对单一，开发的阶段性不是十分明显，各阶段之间的界限有时具有交叉性。借鉴油藏描述阶段划分，气藏描述也可以划分为三个阶段，即早期、中期、后期气藏描述。

（1）早期气藏描述：气田发现后到开发方案编制完成前（气田投入开发前）这一阶段可称为开发早期阶段，这一阶段所进行的气藏描述可称为早期气藏描述。该阶段的主要任务是对气藏进行开发可行性评价，进而制订总体开发方案。这时钻井资料较少，缺乏动态资料，地震资料以二维地震勘探为主，部分气田可有局部密井网试验区。开发评价和设计要求确定评价区的探明地质储量和预测可采储量，提出规划性的开发部署，确定开发方式和井网部署，对采气工程设施提出建议，估算可能达到的生产规模，并作经济效益评价，以保证开发可行性和方案研究不犯原则性的错误。气藏描述的任务是确定气藏的基本骨架（包括构造、地层、沉积等），搞清主力储层的储集特征及三维空间展布特征，明确气藏类型和气水系统的分布，因此这个阶段的气藏描述以建立地质概念模型为重点，把握大的框架和原则，而不过多追求细节。

（2）中期气藏描述：气田开发方案编制完成，全面投入开发后，以方案设计的产能目标稳产，即在气田进入递减期之前。这一阶段可称为气田主体开发阶段，这一阶段所进行的气藏描述可称为中期气藏描述。气田一旦全面投入开发，钻井资料和动态资料会迅速增多，并逐渐有了多种测试和监测资料等。这一阶段开发研究的任务是实施开发方案，编制完井、射孔方案，确定井网井距，进行初期配产，预测开发动态，优化井网井距，提高储量动用程度，弥补产量下降。为此，这一阶段的气藏描述任务包括进行小层划分和对比，进一步落实在早期气藏描述中没有确定的各种构造和储层特征，刻画气层富集规律，建立静态地质模型，开展数值模拟，预测气井生产规律。这一阶段气藏描述的重点是进一步落实气层分布规律，优选井位，为气田产能建设提供支持。

（3）后期气藏描述：气田开发方案实施后，以方案设计的产能建设目标稳产一定阶段后，进入递减期，开始考虑气田剩余储量分布情况，进一步提高气田采收率，即进入气田开发后期。这一阶段对气田已经有了较深入且客观的认识，开采挖潜的主要对象转向相对分散且压降没有波及的局部相对富气区。在早、中期气藏描述的基础上，进一步细化，更精细、准确、定量地预测出井间各种砂体的变化情况，揭示出微小断层、微构造的分布面貌。气藏描述的重点是建立精细的三维预测模型，进而揭示剩余储量的空间分布，提高气田采收率。

四、不同阶段低渗透—致密砂岩气藏描述

低渗透—致密砂岩气藏属于非常规气藏，其开发过程有其特殊性。常规气藏在评价认识、投入开发、后期调整等开发过程，均从气藏整体评价入手，作为一个整体考虑，相对而言阶段性明显。而低渗透—致密砂岩气藏，单井泄流范围小，井间连通性差，具有一井一藏的特点，对气藏的深入认识是一个不断递进的过程，气藏滚动建产、滚动评价，因此气藏开发的阶段性区分不明显，特别是开发中期和开发后期的工作有很多是重叠在一起的。综合考虑这种特性，对于低渗透—致密砂岩这类非常规气藏而言，气藏描述工作划分为两个阶段更符合气藏开发过程，一是评价及开发早期阶段，二是开发中后期阶段。

评价及开发早期阶段是指提交探明储量至开发方案实施前的阶段，气藏描述的资料基础为探井、评价井和开发试验井的岩心、录井、测井资料，二维地震资料及少部分三维地震资料，少量生产测试及动态资料，研究尺度为段或亚段（碳酸盐岩）、砂层组（碎屑岩），二级或三级断层；生产需求是进行开发储量评价、进行开发方案中制订开发技术政策所需的开发地质特征的描述；技术难点为有效储层准确划分与评价、在较少资料条件下建立准确的气层分布概念模型。此阶段描述内容可概括为 8 个特征要素、23 类主要参数，具体包括组或段地层界线、地层厚度、地层岩性组成、顶底界面构造形态、主干断层

（二级、三级断层）、储层储集空间、储层裂缝参数、储层物性下限、储层物性、储层厚度、净毛比、钻遇率、流体组分、地层水产状、气水界面、圈闭边界、弹性模量、主应力方位、地层压力、温度、边（底）水能量、储能系数或储层丰度、单井动态储量或最终可采储量（EUR）、未开发探明储量等（表4-2）。

表4-2　评价和开发早期阶段气藏描述关键参数表

特征要素	主要参数
地层	组或段地层界线、厚度、岩性组成
构造	顶底界面构造形态、主干断层（二级、三级断层）
储层	储集空间、裂缝参数、物性下限、物性、厚度、净毛比、钻遇率
流体	流体组分、地层水产状
边界条件	气水界面、圈闭边界
地应力场	弹性模量、主应力方位
地层能量	地层压力、温度、边（底）水能量
储量	储能系数或储层丰度、单井动态储量或最终可采储量（EUR）、未开发探明储量

描述流程次序为资料评价及描述尺度的确定、气藏构造模型建立、储层预测和流体评价、富集区评价和优选、储层连续性及连通性评价、概念地质模型建立、地质储量评价等，形成四表、六图、二模型（图4-1）。

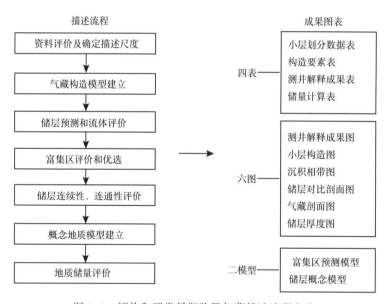

图4-1　评价和开发早期阶段气藏描述流程方法

（1）第一步，资料评价及确定描述尺度。

核心任务是建立地层划分体系，决定了气藏描述的尺度。主要描述参数包括地层界面、厚度、岩性组成。关键技术是资料的归一化处理与标定和地层旋回结构判识。

（2）第二步，建立气藏构造模型。

核心任务是确定地层界面构造形态和断层分布。主要描述参数包括构造形态、幅度、断层方位、断距和断层组合。关键技术是速度场模型建立、合成记录标定和断层识别。

（3）第三步，储层预测和流体评价。

核心任务是预测储层和流体展布，评价气藏边界。主要描述参数包括储集空间、物性、净毛比、钻遇率、地层水产状、气水界面。关键技术是产层判识、含气性检测、裂缝预测和地层水分布预测。

（4）第四步，富集区评价及优选。

核心任务是针对强非均质性气田优选富集区，划分开发层系。主要描述参数包括达到经济极限的气层厚度、储能系数、压力和流体系统划分等。关键技术是经济技术评价模型的建立。

（5）第五步，储层连续性、连通性的评价。

核心任务是确定有效储层规模尺度和连通性，指导井网部署。主要描述参数包括储集体几何形态、宽厚比、长宽比、钻遇率、接触关系、改造体积或增产改造体积（SRV）、压降边界。关键技术包括储层定量地质学、精细地层对比、约束储层反演、静动态联合表征和地应力建模。

（6）第六步，建立概念地质模型。

核心任务是为储量评价和开发指标模拟提供概念地质模型。主要描述参数包括储层格架和孔隙度、渗透率、饱和度属性参数场分布。关键技术是随机建模技术和相控建模技术。

（7）第七步，地质储量评价。

核心任务是在探明储量基础上评价出建产区开发可动用地质储量。构造型气藏用确定性容积法计算，岩性气藏气层分布复杂，可用不确定性容积法计算。

上述描述流程方法具有普遍适用性，但是不同类型气藏描述的侧重点不同。相对而言，岩性气藏储层分布、气水关系更为复杂，气藏描述要解决的问题也更多，更具有代表性。

开发中后期阶段是指开发方案实施后至气田废弃，此阶段气藏描述的资料基础为探井、评价井及方案实施的开发井岩心、测井资料、三维地震资料及大量生产动态资料，研究尺度为小层或单砂体、低级序断层及小幅度构造，生产需求是储量动用程度评价、针对提高气田采收率开展储层精细地质特征描述、调整井型井网，技术难点为大开发井距下建立精细地质建模、进行精细储渗单元和剩余储量的准确预测。基于早期气藏描述的基础，此阶段气藏描述进一步细化描述内容，可概括为 6 个特征要素、14 类主要参数，具体包括小层界限、地层厚度、地层岩性组成、小层微构造、低级序断层（三级、四级断层）、储渗单元规模尺度、接触关系、连通性、地层水产状、地层压力、边（底）水能量、开发未动用储量、难动用储量等（表 4-3）。气藏描述流程为精细地层结构描述、储渗单元划分和定量表征、流体分布描述、静态地质模型建立、井网适应性及开发效果评价、剩余储量评价等，形成三表、七图、二模型（图 4-2）。

（1）第一步，气藏精细分层和构造描述。

核心任务是细化分层和构造单元，提高研究精度。主要描述参数包括小层界限、小幅构造和低级序断层。关键技术是精细地层对比和构造解释。

（2）第二步，储渗单元划分和定量表征。

核心任务是落实连通储层单元大小和单井控制范围。主要描述参数包括储渗体形态、尺度、接触关系、压降边界。关键技术是分级构型描述、静动态综合表征和工艺效果评价。

（3）第三步，流体分布及动态变化。

核心任务是细化流体分布及水侵特征。主要描述参数包括地层水产状与分布、气水界面变化、地层水能量。关键技术是水侵机理分析和产水层精细判别。

（4）第四步，储量动用程度的评价。

核心任务是落实单井剖面和井间储量动用情况。主要描述参数包括地层压力、泄气半径、改造体积、动态储量。关键技术是试井评价和动态储量评价。

（5）第五步，建立静态地质模型。

核心任务是通过单井拟合和修正建立静动态一致的地质模型。主要描述参数包括储层格架和各属性参数场的分布。关键技术是地质—地球物理—动态一体化建模技术和单井动态拟合。

（6）第六步，预测剩余储量。

核心任务是落实剩余储量类型和分布。主要描述参数包括开发未动用储量、难动用储量。关键技术是数值模拟技术和剩余储量分类评价。

上述流程方法具有普遍适用性，开发中后期气藏描述的内容相对开发初期有所减少，井网开发效果和剩余储量评价是后期气藏描述的核心内容。

表 4-3　评价和开发早期阶段气藏描述关键参数表

特征要素	主要参数
地层	小层界限、厚度、岩性组成
构造	小层微构造、低级序断层（三级、四级断层）
储层	储渗单元规模尺度、接触关系、连通性
流体	地层水产状
地层能量	地层压力、边（底）水能量
储量	开发未动用储量、难动用储量

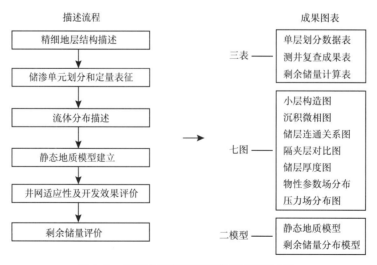

图 4-2　开发中后期阶段气藏描述流程方法

第二节　气藏描述的主要方法

一、气藏储渗单元刻画技术

气藏描述以储气单元规模和泄气边界为重点，因此针对气藏提出储渗单元的概念，对于连续性和连通性差的强非均质性气藏，储渗单元是认识气藏开发地质特征的核心内容。储渗单元是岩性或物性边界约束的、内部储渗空间相互连通的、具统一压力系统的地质体，是最基本的储集体单元和开发单元，其边界条件约束了开采过程中的压降波及范围（图4-3）。与流动单元不同，储渗单元研究对象是阻流边界，将阻流边界控制范围以内，分布连续、具有相似物性特征的沉积微相和微相组合划分为不同品质的储渗单元。流动单元是对沉积微相按流动特征的分级分类，不同流动单元之间可以是相互连通的。依据储层储集空间的特点及气藏开发工艺技术，可以把储渗单元划分为五种类型（表4-4），包括孔隙型、孔洞型、裂缝型、混合型和人工型。其中，孔隙型储渗单元主要发育在碎屑岩储层中，通常具有连片、大面积分布的特点；孔洞型储渗单元多发育在碳酸盐岩和火山岩储层中，一般非均质性较强，物性变化较大；裂缝型储渗单元可以发育在碳酸盐岩、变质岩和火山岩中，具有较高的渗流能力，多为厚层块状；混合型储渗单元一般具有多种储集空间类型，储层物性变化较大；人工型储渗单元主要是针对非常规储层在开发过程中需要借助改造工艺改善储层条件，导致地下储层的渗透通道发生变化，从而使原有的储渗单元发生改变。

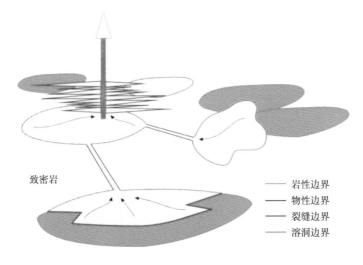

致密岩

—— 岩性边界
—— 物性边界
—— 裂缝边界
—— 溶洞边界

图4-3　储渗单元示意图

储渗单元划分原则：

平面上：（1）相似的地震振幅变化率或地震波形特征，测井曲线具有可对比性的井组；（2）流体性质或变化特征相似、生产特征一致的井组；（3）具有相对一致的压力变化趋势的井组；（4）生产过程中出现井间干扰的井组。

纵向上：纵向上生产层段存在厚度较大的致密隔挡层，出液性质和生产特征不同层段具有明显差异的不是同一储渗单元。

表4-4　储渗单元类型划分表

类型	成因	主要特征	划分依据
孔隙型	沉积作用为主	沉积体大小决定单元规模，沉积体能量决定储渗性能	沉积体定量知识库、地震、密井网、压力监测、试井
孔洞型	溶蚀作用为主	选择性或非选择性溶蚀规模决定单元规模，溶蚀强度决定储渗性能	地震、数值试井、压力监测、示踪剂
裂缝型	构造作用为主	裂缝规模决定单元规模，裂缝既是储集单元又是渗流通道	划分难度大，主要靠监测数据
混合型	混合成因	规模可大可小，储渗性能可好可坏	地震、压力监测、数值试井、示踪剂
人工型	改造成因	施工规模决定单元规模，岩石性质决定储渗性能	地应力、改造参数、微地震监测

低渗透—致密砂岩气藏储渗单元主要是孔隙型的，是受沉积作用控制的，沉积体大小决定了储渗单元的规模。因此，从沉积成因出发，分析沉积界面级次，确定储渗单元边界类型，进行储渗单元划分评价是该类气藏研究的主要方法。以苏里格气田的储渗单元研究为例，阐述储渗单元刻画技术（郭建林等，2018）。

1. 储渗单元边界类型

受水深的控制，同期河道沉积的顶界为泛滥平原或溢岸沉积，随着河道改道作用的影响，河道沿侧向移动，河道对泛滥平原或溢岸沉积的泥岩产生切割，常在下一期河道底部形成泥岩衬里。由于泛滥平原或溢岸沉积是河道滞留沉积的横向而不是纵向伴生微相，与河道沉积属同一期河流沉积的侧向沉积物。因此，不同期次河道沉积界限为泛滥平原或溢岸泥岩相，即辫状河储层建筑结构中的四级构型界面（Miall，1985）。而对于苏里格气田辫状河体系的大型复合河道带，多期河道侧向往复改道，形成纵向上和横向上多期河道砂体、泛滥平原或溢岸泥岩相互叠置而成的复合河道带。

储渗单元研究的首要任务是识别储渗单元内部边界和外部边界。储渗单元识别的基础是不同储渗单元与内部边界、外部边界的岩性和物性差异。河流相致密砂岩气藏有效储层成因与岩石组构、成岩作用密切相关。苏里格气田辫状河沉积体系中心滩和河道充填底部粗砂岩相分选差、大粒径矿物颗粒形成岩石骨架结构，石英类刚性矿物含量高、抗压实能力强，有利于原生孔隙的保存和孔隙流体的流动，溶蚀作用相对发育，整体上孔隙度、渗透率均较高，渗流条件好，是有效储层发育的有利岩相；河道充填中部、上部中细砂岩中火山岩屑等塑性颗粒含量高、分选好，呈致密压实相，不利于孔隙流体的流动和溶蚀作用的发生，孔隙度和渗透率均较低，有效储层不发育。同时，废弃河道、泛滥平原、心滩内部不同期次单元坝间泥岩夹层和落淤层等泥岩相渗透率极低。储渗单元研究中将心滩、河道底部充填等渗透率高、物性条件好的沉积微相或微相组合归为储渗单元，溢岸、心滩侧向加积的坝内粉砂质泥岩夹层和落淤层是储渗单元研究中的内部边界，废弃河道、泛滥平原是储渗单元研究中的外部边界。

泛滥平原和溢岸泥岩相，即同期河道复合砂体的顶界面，是储渗单元的标志性顶（底）界面，也是储渗单元在纵向上的主要识别标志。泛滥平原和溢岸泥岩厚度一般为数十厘米到数米不等，延伸范围较广。废弃河道泥岩位于储渗单元顶面附近，同属于储渗单元的外部边界，是河道水流侧向运动或河流水动力减小引起，一般河流上游部位废弃河道泥岩发育规模较小，河流下游由于水动力减弱废弃河道泥岩发育规模增大，但整体上废弃河道泥岩位于同期河道充填沉积范围以内。河道充填沉积顶部由于水流的沉积分异作用，沉积物分选好，粒径相对较小，通常在细粉砂级别，受压实作用影响大，渗透性较差。由于河道顶部充填物性较差，形成储渗单元的外部物性边界。河道充填沉积顶部与底部间的岩性界面是河流相储层建筑结构的三级界面。

单元坝是构成心滩的基本单元，河道水流受多个心滩单元坝阻隔发育坝间次级水道，或称串沟，次级水道水动力相对较弱，粉砂质泥岩、泥岩在该区域易沉降，形成坝间泥岩。坝间泥岩为储渗单元内部边界，通常规模相对较小、物性差，一般厚度小于0.5m，是河流相储层建筑结构的二级界面。

坝内泥岩是心滩侧向加积作用产生的粉砂质、泥质夹层，通常厚度较薄，呈纹层或夹层级，分选好；落淤层泥岩则形成于季节性洪水期的泥质沉积物，一般侧向延伸宽度有限，发育规模较小。坝内泥岩、落淤层或统称为斜列泥岩互层，同属储渗单元的内部边界，是层系组或单个层系界面，属建筑结构中的一级界面。

2. 储渗单元发育模式

野外露头观测和致密砂岩气藏开发中密井网区精细解剖可识别不同类型储渗单元，从而建立储渗单元叠置模式。针对苏里格气田将储渗单元划分为心滩与河道底部充填叠置型、河道底部充填叠置型、心滩叠置型和心滩或河道充填孤立型四种发育模式（图4-4）。

1）心滩与河道底部充填叠置型

心滩整体上一般为块状粒序，底部为砾岩或粗砂岩，向上过渡为粗砂岩、中砂岩。由于心滩边部水动力作用较弱，通常为斜层状的泥岩或粉砂质泥岩（落淤层），同时侧向加积作用剧烈，形成心滩复合砂体内部夹杂泥岩或粉砂质泥岩夹层，即储渗单元的内部阻流边界。该阻流边界通常规模较小，呈纹层状，从露头剖面和水平井实钻轨迹中可识别出该类型储渗单元内部阻流边界。心滩与河道底部充填型储渗单元内部落淤层阻流边界纵向上的发育规模较小，一般小于0.5m，水平井钻井过程中通常沿心滩侧向钻进过程中钻遇薄层状泥质夹层即为落淤层边界。心滩与河道底部充填叠置型储渗单元底部边界为上期河道消亡时沉积的泛滥平原或废弃河道泥岩、粉砂质泥岩，属岩性边界。其上部边界为河道顶部充填沉积形成的中砂岩、细砂岩，分选较好，物性较差，形成物性边界。该类型储渗单元通常为厚层状，纵向上厚度较大，一般为10~15m。

2）河道底部充填叠置型

两期或多期河道底部充填呈垂向叠置，河道带砂体底部发育明显的冲刷界面，一般呈不规则下凹状，底部以含砾粗砂岩、粗砂岩为主，单期河道砂体内部呈正粒序旋回。受河道迁移、改道作用的影响，在不同期次河道充填的顶部形成废弃河道或泛滥平原泥岩、粉砂质泥岩的互层，是该类型储渗单元的内部岩性边界。由于河道底部充填的冲刷作用，泥岩或粉砂质泥岩互层较薄，通常为0.5~1m。单个河道带砂体厚度为4~7m，不同期次河道底部充填叠置型储渗单元通常由3~5个河道砂体垂向叠置而成。因此，该类型储渗单元厚度较大，约为6~10m。

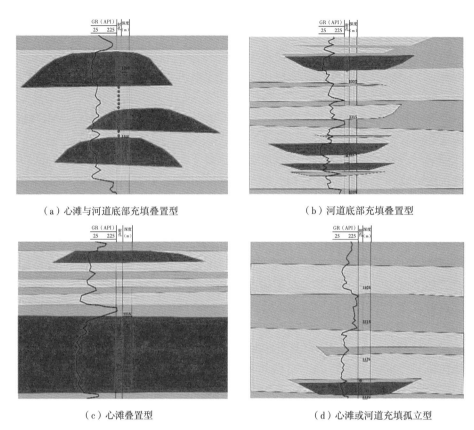

（a）心滩与河道底部充填叠置型　　　　　　　（b）河道底部充填叠置型

（c）心滩叠置型　　　　　　　　　　　　　（d）心滩或河道充填孤立型

图4-4　不同类型储渗单元实钻分析图

3）心滩叠置型

辫状河发育带中两期或多期心滩垂向叠置形成规模较大的储渗单元，该类型储渗单元厚约10~20m。不同期次心滩砂体间由于辫状河道的改道作用频繁，通常夹薄层状泛滥平原或废弃河道泥岩相，一般厚度为3~5m，形成储渗单元内部岩性边界，整体上该类型储渗单元整体发育频率较低。心滩砂体一般呈块状，具有纵向上粒度逐渐变细的特征，但心滩砂体内部由于侧向加积作用，内部常见倾斜状泥岩夹层（落淤层）。

4）心滩或河道充填孤立型

与上述叠置型储渗单元不同，该类型储渗单元由于改道作用的影响，不同期次辫状河道砂体侧向变化距离较大，在辫状河体系过渡带或体系间洼地，心滩或河道充填砂体沉积频率较低，从而纵向上心滩或河道底部充填砂体呈孤立状。心滩砂体顶部偶见侧向加积形成的倾斜状泥岩，呈薄层状，通常厚0~0.5m。河道充填孤立型储渗单元由于河道体系过渡带或河道体系间水动力较弱，储渗单元顶部通常为河道顶部充填砂体，粒度较细，为中砂岩、细砂岩，渗透性较差。同时，随着该期河道的改道或消亡，河道充填顶部向上为废弃河道或泛滥平原沉积泥岩或粉砂质泥岩。单个心滩厚度一般为5~8m，河道底部充填砂体厚度一般为3~5m，因此该类型储渗单元与叠置型相比，具有发育规模较小、侧向上连续性和连通性差的特点。

二、储层分级构型描述技术

储层结构单元分析也被称为构型分析、层析结构分析和储层建筑结构等，是通过不同级次的界面识别和结构要素分析对地质体进行精细解剖。Miall 等提出的层系界面划分法为地质体解剖提供了一种有效的思路和方法，在曲流河和三角洲沉积体系研究中取得了较好的应用效果。以不同级次界面识别和构型要素分析为基础，可以对河流相点沙坝沉积和三角洲相河口坝沉积进行精细解剖，探究其内部构型特征。目前针对油藏开展了大量的储层构型研究工作，尤其是对曲流河研究最为深入，并以不断追求提高描述精度为目标。而对于气藏而言，并不需要一味地追求精细刻画更小的储层单元，通常对一些重点边界条件的描述就能够满足气藏开发的需要。为此利用储层构型研究的理论和方法，针对气藏开发特点，提出分级构型描述技术，满足不同开发阶段、不同资料条件下的气藏开发研究需求。

总体上气藏描述重要的储层构型可以分为四种（图 4-2）：

（1）一级构型与沉积盆地地层组内充填复合体相对应，主要是气藏勘探到早期评价阶段研究的对象，用以确定气藏开发层系；

（2）二级构型对应于地层组段内发育的沉积体系。比如河流体系发育带、滩坝发育带、重力流水道发育带等，一般是地层组内以段为单元进行研究，反映的是主要沉积体系的分布规律。二级构型是在气藏评价阶段气藏描述的重点对象，以寻找富集区带为目标，落实优先建产区块，主要依据就是有利沉积体系的发育带，如苏里格气田评价期对辫状河体系发育带的描述有效解决了气田富集区优选问题。

（3）三级构型指单个河道沉积级别，研究目标是刻画河道叠置带内的沉积特征，即单河道规模、组合叠加模式等。进入气田开发早期和中期，重点在气层富集区内开展储层分布规律研究，获得有效气层的规模尺度、发育模式，预测气层分布，为井位优化部署提供依据。苏里格气田气层富集区以辫状河叠置带为主，对辫状河叠置带内河道砂体分布的描述是井位预测的重要依据。

（4）四级构型描述规模更小，以单一沉积体内的构成单元为描述对象，相当于河道沉积中点沙坝、心滩沉积的描述。四级构型的描述是气藏开发后期的重点任务，井数较多、井距较小，具备了精细刻画气层分布特征的基础资料条件。同时，为提高气藏储量动用程度，生产上需要进一步刻画气层分布的井间非均质性。

以苏里格气田为例，由大到小将其划分为四级构型：辫状河体系、主河道叠置带、单河道、心滩（表 4-5、图 4-5）。

辫状河体系以段为研究单元，可划分为盒 8 段下亚段、盒 8 段上亚段和山 1 段三个地层单元。辫状河体系的厚度一般在几十米以上，宽度达数千米，长度可达上百千米，呈宽条带状分布，形成了宏观上"砂包泥"的地层结构。在辫状河体系内，根据砂体叠置样式可划分为主河道叠置带和辫状河体系边缘带两部分。叠置带砂地比大于 70%，是含气砂体的相对富集区，剖面上具下切式透镜复合体特征，平面上呈条带状分布，厚度一般为十几米至几十米、宽度为几百米至上千米。边缘带砂地比 30%~70%，配置在叠置带两侧呈片状分布。在叠置带和边缘带内，以小层为研究单元，进一步划分出单河道和心滩砂体。心滩砂体是形成主力含气砂体的基本单元，呈不规则椭圆状，厚度为米级，宽度为几十米至上百米，长度为几百米至上千米。辫状河体系控制了含气范围，主河道叠置带控制了相对高效井的分布，心滩砂体的规模尺度为井网设计提供了地质约束条件。

表 4-5　苏里格气田复合砂体四级构型划分

构型划分		一级	二级	三级	四级
		辫状河体系	主河道叠置带	单河道	心滩
地层单元		组、段	段	小层	小层
构型尺度	厚	几十米级	十几米级	米级	米级
	宽	十千米级	千米级	百米级	十米至百米级
	长	上百千米级	几十千米级	千米级	百米至千米级
几何形态		宽条带	条带状		不规则椭圆状
识别方法		砂泥岩分布、地震相	岩心、测井相叠置样式、地震相	岩心、测井相	岩心、测井相、试井
研究目的		预测富集区、部署评价井	预测高能河道叠置带、部署骨架井	预测单砂体、部署加密井	

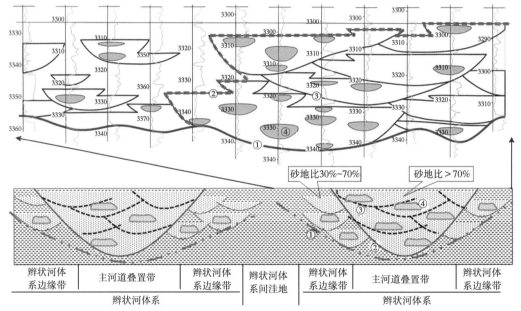

①一级构型界面：辫状河体系　　②二级构型界面：辫状河叠置带
③三极构型界面：单河道　　　　④四级构型界面：河道沙坝（心滩）

图 4-5　苏里格气田复合砂体分级构型划分示意图

复合砂体分级构型描述与井位部署有机结合，并采用评价井、骨架井、加密井的滚动布井方式可有效提高钻井成功率。

一级构型主要利用区域钻井和地震反演资料，结合宏观沉积背景，研究区域上辫状河体系的展布和砂岩分布特征（何东博等，2013）。以苏里格气田中区盒 8 段下亚段为例，可划分为三个辫状河体系，呈南北向分布，砂岩厚度在 15m 以上的区域可作为相对富集区，以此为依据部署区块评价井，落实区块含气特征。

　　在一级构型分布研究基础上，将气田分解为多个区块开展二级构型分布预测。主河道叠置带分布在辫状河体系地势相对较低的"河谷"系统中，河道继承性发育，一定的地形高差和较强的水动力条件有利于粗岩相的大型心滩发育，主力含气砂体较为富集，沉积剖面具有厚层块状砂体叠置的特征，泥岩隔（夹）层不发育。主河道叠置带两侧地势相对较高部位发育辫状河体系边缘带，以洪水期间歇性河流为主，心滩规模一般较小，沉积剖面为砂泥岩互层结构。在已钻评价井砂体叠加样式约束基础上，研究沉积相分布特征，利用目的层时差分析、地震波形分析、AVO 含气特征等方法可以预测辫状河体系中主河道叠置带的分布，进而部署骨架井。

　　在二级构型研究基础上，可进一步细化到小层，开展单河道和单砂体分布预测。在评价井和骨架井约束条件下，通过井间对比，利用沉积学和地质统计学规律，结合地球物理信息，进行井间储层预测，并编制小层沉积微相图，指导加密井的部署。根据加密井试验区和露头资料解剖，苏里格气田心滩砂体多呈孤立状分布（图 4-6），厚度主要为 2~5m，宽度主要为 200~400m，长度主要为 600~800m，单个小层中心滩的钻遇率为 20%~40%。加密井位的确定优先考虑三方面因素：骨架井井间对比处于主河道叠置带砂体连续分布区，地震叠前信息含气性检测是否有利，与骨架井的井距大于心滩砂体的宽度和长度。

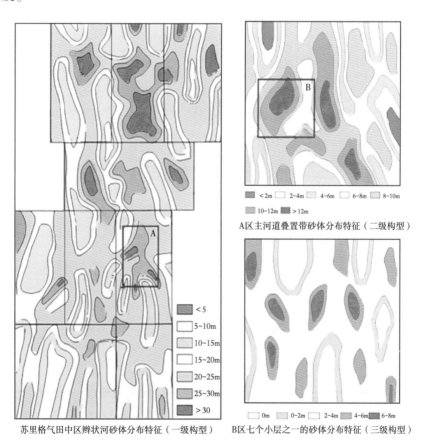

图 4-6　苏里格气田典型区块复合砂体分级构型砂体分布特征

通过砂体构型分级预测，逐步细化砂体分布认识。采用评价井、骨架井、加密井滚动布井、逐级加密的方式，苏里格气田 Ⅰ 类井+Ⅱ 类井所占比例达到了 75%~80% 的较高水平，提高了气田开发效益。

总之，低渗透—致密砂岩气藏储层的预测难度较大，单一技术很难准确预测有效储层的分布状况，必须通过有针对性的地震技术与精细地质研究相结合才能提高储层的预测精度，从而提高高产气井的钻遇比例，保证气井获得高产。

三、气层测井识别

对于常规气藏而言，气层通常具有典型的"挖掘效应"，解释难度大。但是随着近年来致密气等非常规气藏的发现和规模开发，对气层识别也带来了新的挑战。由于致密储层孔隙度低、渗透率低，所含流体对储层典型特征的影响相对较小，因此气层测井响应特征不明显，需要构建一些特征参数进行气水层识别。当地层含气时，声波、密度和中子测井对气层都有很好的显示，表现在声波时差变大、中子孔隙度和密度测井值变小，因此可以利用声波、密度和中子孔隙度测井来构建气层敏感参数从而识别气层、气水同层和含气水层，这里介绍纵波时差差比法和 AK 交会组合法。

1. 纵波时差差比法

利用天然气的"挖掘效应"定量化为参数 DT，根据 DT 的大小进行识别。将中子测井值合成声波时差 Δt_1：

$$\Delta t_1 = (1 - \phi_n) \Delta t_{ma} + \phi_n \Delta t_f \tag{4-1}$$

计算 DT：

$$DT = (\Delta t - \Delta t_1) / \Delta t \tag{4-2}$$

式中 Δt、Δt_{ma}、Δt_f——分别为地层声波时差、骨架和流体声波时差，单位为 $\mu s/m$；

ϕ_n——地层的中子孔隙度。

当地层含气时，Δt 升高，ϕ_n 降低，Δt_1 降低，因此 $DT>0$，当地层为非气层时，$DT \leqslant 0$。

2. AK 交会组合法

在中子孔隙度—密度交会图上骨架点与流体点连线的斜率定义为：

$$A = \frac{\rho_{ma} - \rho_f}{\phi_f - \phi_{ma}} = \frac{\rho_b - \rho_f}{\phi_f - \phi_n} \tag{4-3}$$

在中子孔隙度—声波交会图上骨架点与流体点连线的斜率定义为：

$$K = \frac{\Delta t_f - \Delta t_{ma}}{\phi_f - \phi_{ma}} \times 0.01 = \frac{\Delta t_f - \Delta t}{\phi_f - \phi_n} \times 0.01 \tag{4-4}$$

式中 ρ_b、ρ_{ma}、ρ_f——分别为岩石体积密度、骨架和流体密度，g/cm^3；

Δt、Δt_{ma}、Δt_f——分别为地层声波时差、骨架和流体声波时差，$\mu s/m$；

ϕ_n、ϕ_{ma}、ϕ_f——分别为地层的中子孔隙度、骨架和流体的含氢指数。

A、K 是反映岩石骨架和孔隙流体特征而不受孔隙度影响的参数。当地层含气时，ρ_b 和 ϕ_n 都减小，Δt 增加，因此 A 和 K 都变小。而油层和水层的 ρ_b 和 ϕ_n 相对较大，Δt 较小，因此 A、K 都比较大。将气层与水层的差异放大，选用 $\sqrt{A^2+K^2}$ 作为气层识别的参数，定义

该判别参数为 AK：

$$AK = \sqrt{\left(\frac{\rho_b - \rho_f}{\phi_f - \phi_n}\right)^2 + \left(\frac{\Delta t_f - \Delta t}{\phi_f - \phi_n} \times 0.01\right)^2}$$

$$= \frac{1}{\phi_f - \phi_n}\sqrt{(\rho_b - \rho_f)^2 + \left[(\Delta t_f - \Delta t) \times 0.01\right]^2}$$

（4-5）

　　以苏里格气田西区为例，通过单层试气段分析表明，纵波时差差比法和 AK 交会组合法在气水层识别效果较好，因此，根据单层试气点的数据进行 AK 和 DT 交会（图4-7），确定气层、气水同层和含气水层的 AK 和 DT 值的范围。其中，气层：$AK<4.55$，$DT>0.065$；气水同层：$4.55<AK<4.64$，$0.02<DT<0.065$；含气水层：$AK>4.64$，$DT<0.02$。由于中子测井、密度测井和声波测井对井眼条件要求比较高，当井径发生扩径时，中子测井、密度测井和声波测井不能很好地反映井眼周围地层和流体的性质，因此对92个单层试气点进行井径分析，排除21个扩径井段。用于井眼条件比较的71个单层试气点用 AK—DT 法解释，有7个点与试气结论不符，相比于原解释结论解释精度提高了17%，解释精度达90%。

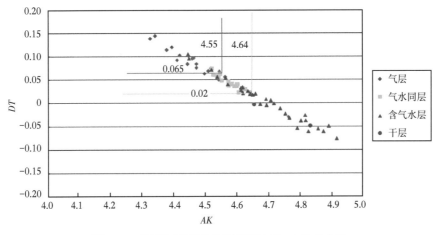

图4-7　苏里格气田西区单层试气 AK—DT 交会图

四、地震含气性检测

1. 子波吸收系数法

　　主要原理是当地震波在地层中传播时，其能量随着传播距离的增大不断衰减。当地层中含气时，能量衰减会在子波的高频成分处加速。地震道是地震子波与地层反射系数的褶积，而反射系数不吸收能量，能量吸收的信息都包含在子波中。常规的吸收分析是利用地震道直接计算，这样就可把非吸收异常地震道中的强振幅"检测"出来；而且褶积压制了子波频谱的有效信息，增加了储层预测的不可靠性。优点在于消除了地层反射系数的影响，消除了由于上下地层差异引起的振幅异常，因而结果更可信，并且有很高的灵敏度。

2. AVO 分析技术

　　以井上解释的含气砂岩为基础，通过岩石地球物理参数测定和测井 AVO 正演模拟，确定 AVO 含气砂岩组合，即振幅随入射角增大而加强。从而在叠前保真的动校道集上，识别砂岩段振幅随偏移距变化规律，并通过分析偏移距叠加、AVO 属性叠加和提取等技术，对砂岩含气性进行了定性预测。

3. 多波地震技术

多波 Z 分量大角度的叠前 AVO 分析，不同于常规地震的 7000m 左右的偏移距使其保持了近 35° 入射角的 AVO 信息，而且小道距的灵活组合得到了很好的道集资料，单道检波的原始保真度使得 AVO 现象得到了更为明确的反映；高精度 Z 分量瞬时子波能量吸收衰减分析，是依据地震波的高频成分能量与含气性有关，从井旁地震道分析，高产井点处表现为 $10 \sim 15Hz$ 的信号能量相对加强，而 $30 \sim 40Hz$ （主频）处的能量相对减弱。说明利用这种变化求取的瞬时子波的吸收系数与储层的含气性具有较好的对应关系。但其应用的前提必须是野外信号的完全保真和处理中保留足够宽的频带，多波 Z 分量品质最好的中等偏移距叠加剖面保证了这一技术的有效应用。纵横波联合解释是对具有纵横波测井资料的已知井进行 P 波、PSV 波在各自时间域的标定，将 PSV 波时间域内的 PSV 波剖面压缩到 P 波的时间域内进行泊松比求取，并计算 P 波、PSV 波目标层位的振幅（最大振幅、均方根振幅、平均振幅等属性）后，然后进行振幅比定量计算，可以较为准确地评价储层的有效性。

五、地层压力评价

地层压力对于气田开发而言尤为重要，可以说石油开采是采出含油饱和度，天然气开采直接采出地层压力。现介绍通过气井地层压力评价获取地层压力的主要方法。

1. 动态监测法

新井投产前静压测试、生产井关井测试及观察井压力监测是确定气井地层压力的直接方法。受生产管理、技术条件和经济因素制约，生产井关井时间往往受到限制，在难于完全关井至稳定的情况下，可以采用试井分析方法推算地层压力。

2. 压降推算法

压降法是定容封闭弹性气驱气藏物质平衡分析法的别称，常用于气藏动态储量计算，也可以用于气井地层压力评价。对于定容封闭弹性气驱气藏，地层压力与天然气偏差系数的比值和累计产量呈线性关系，井间干扰效应不显著或单井供给范围持续处于动态平衡且无水侵影响时，气井压降也有这种关系。采用已有的数据计算地层压力与天然气偏差系数的比值，建立与累计产量的线性关系，再根据建立的线性关系和当前累计产量来推算未知井的这个比值，从而根据压力与偏差系数关系图进行试凑迭代计算法确定未知井地层压力。该方法的使用条件是气藏中不存在使压降图上直线关系产生变化的异常效应，如水侵、后期低渗透补给、异常高压气藏压力衰减特殊规律等。并且，单井供给范围无变化，之前通过测试已获得一些不同累计产气量时刻对应的准确地层压力数据。满足以上条件时，该方法的可靠性才有保障。

3. 井口稳定静压折算法

在气井实际生产过程中，下压力计至井底实测地层压力的做法很少，在一定条件下可利用生产动态资料，选取关井期井口压力数据快捷地近似计算地层压力。简化考虑理想气体的情况下，静压柱压力计算公式为：

$$p_{ws} = p_{wh} + DH \qquad (4-6)$$

式中 p_{ws} ——井底静压；

p_{wh} ——井口静压；

D ——井筒内平均压力梯度；

H ——气井产层中部垂深。

在单项静气柱的情况下，井筒内平均压力梯度与井筒内气体的平均密度成正比例关系，也与井筒平均压力成正比例关系。按照算术平均法计算井筒内平均压力，推导可知井筒内平均压力梯度与井口静压也成正比例关系，比例系数与井深相关。对于气体组分和气井井深相差不大的气田，可以利用气井井筒静压梯度测试资料，建立静压梯度与井口压力之间的经验关系式。只要掌握压力梯度与井口压力的关系，就可根据公式确定气井井底压力。这种方法的适用条件是关井至井口压力平稳，井筒内为单相气体，应用对象气井的天然气相对密度、井深与建立经验关系式的样本气井对应参数近似相同。

4. 二项式产能方程估算法

根据气井稳定渗流二项式产能方程可以反算地层压力。气井产量数据易于获得，如果之前通过测试分析获得了气井产能方程系数，则只要测得井底流压，即可计算对应时刻的地层压力。该方法的适用条件是气井产能方程系数无变化，而生产过程中井底净化、改善或堵塞储层伤害区、气井出水、低渗透地层气井供给区域内渗流难以达到稳定状态，均会导致该方法不适用。

六、泄气范围评价

泄气范围是气藏描述的一项重要内容，也可以称作泄气半径、泄流半径、泄压波及范围等，核心是指气井全生命周期生产过程中井筒周围能够参与流动的气体分布的面积。地质评价方面，主要通过对有效储层的形态结构、规模尺度和连通性分析，预测气体有效沟通的范围；动态评价是气井泄气范围研究的主要手段，包括试井解释、产量不稳定法、曲线积分法、压降法、弹性二相法、压力恢复法和递减分析法等，不同的开发阶段具有的动态资料信息不同，所适用动态评价方法存在差异。

1. 试井解释法

试井解释法是早期可用的主要测试手段，可以初步确定气井的生产能力，获取地下储层的渗流能力和泄压波及范围。不稳定试井基于严格的渗流理论，是探测气井泄压边界、判断几何形态的科学有效的方法。对苏里格气田早期投产的 12 口气井进行不稳定试井分析，试井解释单井控制有效砂体几何形态主要表现为两区复合、平行边界和矩形三种形式，供气范围小，单井控制储量低。两区复合模型内区范围 50~70m，平行边界模型预测河道宽度 60~110m，矩形模型预测河道宽 60~180m，长度小于 1000m。由于致密气储层致密，渗流能力弱，导致压力传导慢，短期主要是近井带供气，压力下降大，远离井点位置，压力下降暂时波及不到，形成压降漏斗，随着生产时间的延长，压降范围会逐渐扩大。依据致密气层的物性特点，早期试井得到的泄压范围是偏小的，但是也间接反映了苏里格气田有效砂体规模小、连通范围小的发育规律。

2. 产量不稳定分析法

产量不稳定分析法适用于生产时间较长的气井，至少具有 2~3 年的生产历史，预测结果可靠性较高。该方法受到的条件限制少，主要需要气井的实际生产数据，包括产量、压力数据及气井钻遇储层物性数据。该方法经过严格的数学推导，能够有效评价气井泄流范围、动储量等。其原理依据，流体从储层流向井筒经历两个阶段，即开井初期的不稳定流动段和后期的边界流动段。在不稳定流动段，压降未波及边界、边界对流动不产生影响，也就是通常用不稳定试井进行描述的流动阶段。当压降传播到边界并对流动产生影响后，储层中的流体就进入了边界流动段（包括定产量生产情况下的拟稳定流动段和变产量生产情况的边界流动段）。

1）Arps 产量递减曲线

传统的 Arps 产量递减曲线描述的就是边界流动情况下产量递减趋势。"现代生产动态分析方法"包括了从不稳定流动阶段到边界流动段的整个流动过程，在不稳定流动段，通过引入新的产量（拟压力规整化产量）、压力（产量规整化拟压力）和时间（物质平衡拟时间）函数，与不稳定试井解释中的无量纲参数建立了函数关系，从而建立了气井不稳定流动阶段的特征图版。在边界流动段，对传统的 Arps 产量递减曲线进行了无量纲化，新的产量、压力与时间函数的引入，使后期的 Arps 递减曲线汇聚成一条指数递减或调和递减曲线。由此建立了气井生产曲线特征图版。图版的前半部分为一组代表不同的无量纲井控半径（r_e/r_{wa}）的不稳定流动段特征曲线，这组曲线到边界流阶段汇成一条指数递减曲线（或调和递减曲线），为了提高曲线分析精度，除了压力规整化产量之外，还用到了产量规整化压力的积分形式和求导形式，用于辅助分析。利用图版的不稳定流动段的拟合可以计算气井的表皮系数、储层渗透率、裂缝长度等，利用图版的边界流动段拟合可以计算气井井控储量（动态储量）。

传统的 Arps 产量递减曲线法是一种经验方法，优点是不需要储层参数，仅利用产量的变化趋势就能进行产量预测、计算可采储量。该方法的适用条件是：（1）气井定井底流压生产；（2）从严格的流动阶段来讲，递减曲线代表的是边界流阶段，不能用于分析生产早期的不稳定流阶段；（3）在分析时要求气井（田）生产时间足够长，能够发现产量递减趋势；（4）储层参数及气井生产措施不会发生变化。

2）生产曲线特征图版拟合法

由 Fetkovich、Blasingame、Agarwal-Gardner 等在 Arps 产量递减曲线基础上建立的生产曲线特征图版拟合法，利用经过压力规整化后的产量，从而考虑了流动压力变化对生产的影响，使曲线能更好地反映储层本身的流动特征，且使分析方法既适用于定产量生产，又适用于变产量生产；此外通过引入拟时间函数和物质平衡拟时间函数，来考虑随地层压力变化的气体的 PVT 性质及储层应力敏感性等；从流动阶段来讲，生产曲线特征图版既包括了早期的不稳定流动段，又包括了后期的边界流动段。

生产曲线特征图版拟合法只需要产量和流压数据，除原始地层压力之外，不需要关井测压数据，只要储层中的流动达到拟稳定流（定产条件下）或边界流（变产条件下）就能进行分析。通过对气井生产曲线进行典型图版拟合的方式计算储层渗透率、表皮系数、井控储量，并能定性分析井间关系、水驱特征等。

生产曲线特征图版包括传统的 Arps 方法、Fetkovich 方法，现代的 Blasingame、Agarwal-Gardner（AG）、Normalized Pressure Integral（N. P. I）、Transient、Flowing-Material-Balance（流动物质平衡）等方法。同时还在图版基础上，结合气井生产历史拟合的 Analytical

解析方法，综合获得气井的动态控制储量和泄流范围。

3）曲线积分法

曲线积分方法主要是运用气井的生产动态曲线，通过对曲线进行函数拟合，进而对生产时间计算积分，结合气井的废弃产量条件，即得到气井最终的累计产气量（图4-8）。该方法充分利用了实际生产井的产量递减规律，特别是对于生产时间较长的气井和区块来说，结果更加准确，苏36-11区块于2006年投产，大部分气井生产超过了5年，气井递减已经趋于稳定，曲线积分方法可以很好地反映该区块气井的递减情况及得出准确的最终累计产气量。本次主要以分年投产井合并分析的方式，即将相同年份投产的气井合并，开展曲线拟合和函数积分，最终得到分年投产气井的平均最终累计产气量。

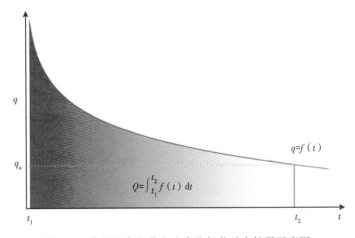

图4-8 曲线拟合积分方法求取气井动态储量示意图

七、干扰试井评价

气田开发过程中，气井之间是否发生干扰及干扰程度是合理设计开发井网、提高气田采收率、提升气田开发效益的一个关键因素。对于常规块状整装构造气藏，适宜采取稀井高产的开发模式，尽量加大井距，减少井间干扰程度，保障气井高产、稳产；对于连通性差的岩性气藏，特别是以苏里格气田为代表的透镜状砂岩气藏，尽管完全避免井间干扰能够保障单井具有较高的累计产量，但是气田采收率较低，不利于资源的充分利用。因此，需要通过井网优化，找到井间干扰程度与气田开发效益的结合点，科学优化、合理加密开发井网，才能在保障效益开发的条件下最大限度地提高气田采收率。

第五章 低渗透—致密砂岩气藏富集区优选技术

低渗透—致密砂岩气藏通常具有气层大面积分布的特点，这也是该类气藏能够具备较大储量规模的必要条件。但是，大面积分布的气层并不是完全均质的，受沉积相带、岩石粒度、砂岩厚度和含气性等多因素的变化，气层在平面上分布存在一定的差异，因此需要进行富集区优选，筛选出气层相对发育的有利区作为主要开发对象，这一工作在气田开发初期和中期均具有重要意义。通过地质、地震等多学科技术手段进行相对富集区筛选，能够有效降低产能建设投资风险。气田开发初期由于钻井资料少，主要以地球物理方法进行富集区优选，气田投入开发后，随着初始井网的部署，井网覆盖范围不断扩大，富集区优选可以通过以钻井解剖为主的地质研究方法进行。本章主要从这两个角度进行阐述。

第一节 富集区优选地球物理方法

一、技术方法

气田开发早期，地球物理方法是储层预测、富集区优选的主要手段。

以区块岩心分析、钻井、测井、测试及地震资料为基础，将地质与地震结合（图5-1），

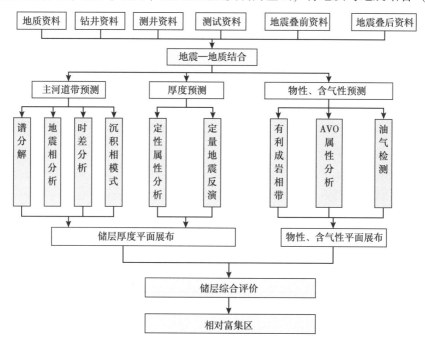

图5-1 大型低渗透—致密砂岩气田有利富集区带优选技术思路

通过沉积相模式展布和地震横向预测技术，刻画储层横向展布特征；通过有利成岩相带分析和地震含气性检测手段，描述储层物性、含气性的空间分布特征；在此基础上，展开储层综合评价，筛选相对富集区。

早期的富集区筛选技术，主要依赖于高精度二维地震勘探资料，但随着开发的深入，二维地震勘探受地震测网密度的限制，已无法满足加密井，尤其是丛式井、水平井部署的要求。为此，立足二维地震勘探，开展了三维地震勘探试验，在原有富集区筛选技术基础上，进一步完善了该项技术（何光怀等，2011）。

首先，地质与二维地震勘探相结合，综合运用多种方法预测有利区。地震上，采用时差分析、波形特征分析、叠后反演、弹性参数反演等方法进行河道带识别。地质上，进行沉积微相分析，开展单井相分析，划分单井优势微相，建立区块沉积模式，精细刻画沉积微相展布。将地震河道带预测成果与骨架井沉积微相研究相结合，综合确定河道带的分布。

其次，重点区实施三维地震勘探、强化储层预测。在二维地震勘探选区基础上，优选潜力区开展三维地震勘探。充分利用三维地震勘探资料信息量大、地质内涵丰富的优势，以主河道带预测为基础，以有效储层预测为核心，以叠前技术为主，以叠后技术为辅；进行主河道带预测、储层及含气性预测，并利用三维可视化手段对储层及有效储层进行精细刻画；最后通过综合评价优选高产富集分布区（图5-2）。

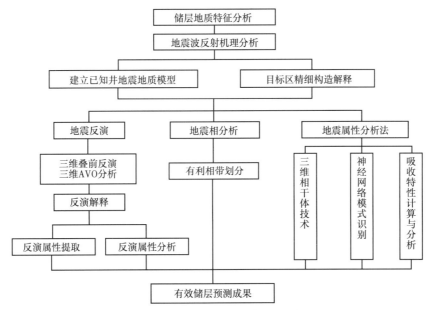

图5-2　三维地震勘探有效储层预测流程图

二、主要技术

1. 主河道带预测技术

1）T_{P8}—T_{P9}波时差分析

T_{P8}—T_{P9}波时差大小与河道下切深度有关，T_{P8}—T_{P9}波时差相对较大，则河道下切较深，反映为主水流方向（即主河道）。在精细解释 T_{P8}、T_{P9} 两个反射波基础上编绘的 T_{P8}—T_{P9}时差图大致反映了苏里格气田东区8段沉积时期和山1段沉积时期主河道的空间展布形态。

　　根据储层特点及地震资料现状，开发评价早期阶段，地震工作的主要任务是预测砂体厚度，描述主河道的分布规律，通过不断深化研究提高地震资料的纵向、横向分辨能力，尽可能详细地描述主河道的横向变化规律及延伸范围，在勘探提交探明储量的含气面积内进行相对富集区块的筛选。

　　苏里格气田二叠系下石盒子组盒8段和山1段气层是一种典型的薄互层砂泥岩组合，这种薄互层砂泥岩剖面中的单砂体厚度一般小于地震的垂向分辨率，识别难度非常大。但在现有分辨率条件下（时间分辨率仅为20~25m），地震可以识别出一个多旋回的叠加砂体，即确定河道带的砂层厚度，再以地质规律为指导，进一步刻画含气面积内河道带的展布规律来进行相对富集区块的筛选。

　　2）频谱分解

　　把时间域的地震剖面转换到频率域，利用频率与地层厚度的干涉效应来定性预测主河道的展布（图5-3中黄色区域代表主河道），河道整体上呈现出南北向展布特征，对时差分析的主河道进一步细化，反映了河道的迁移、摆动、分流、汇聚的频繁变迁。

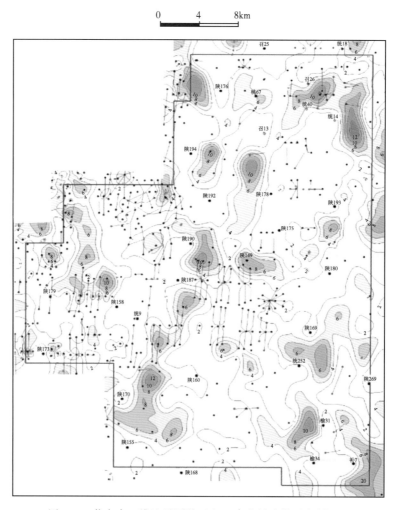

图5-3　苏东南三维地震覆盖区盒$8_\text{下}^1$有效砂体厚度刻画图

通过对时差分析和频谱分解得到的河道展布形态进行综合分析，可以较准确地刻画出苏里格东区研究区内盒 8 段沉积时期、山 1 段沉积时期主河道带的平面展布形态。

3）多种地震属性综合分析

综合应用时差分析、频谱分解、地震相分析、相干体分析等技术，描绘出研究区河道带的分布（图 5-3）。

2. 储层厚度预测技术

利用波阻抗预测砂岩储层，尤其是有效储层（渗透性砂岩）存在多解性，为此在主河道带定性预测的基础上，采用了稀疏脉冲的反演方法，尽可能提高预测精度。稀疏脉冲反演的关键在于子波的提取，若子波提取合理，合成记录与地震剖面匹配好，则反演结果与已知井吻合好，其结果可信度高。储层厚度预测的具体做法是：第一步，通过主河道的形态、地震属性分析的厚薄趋势及已知井相结合进行地质建模，用 JASON 软件中的稀疏脉冲模块进行反演，得到波阻抗剖面；第二步，将波阻抗剖面转化为砂泥岩剖面；第三步，求出砂岩的时间厚度，由已知井出发，按照公式 $\Delta H = V_i \times T / 2$ 计算出砂体厚度，并进行平面成图。

1）微地震相分析

微地震划相分析技术是预测储层横向变化的一种新技术，地质情况的任何物理参数变化总对应着地震道波形的变化，利用人工神经网络技术，根据每道的数值对地震道形状进行模拟，通过多次迭代，构造出几种具有典型特征，并与实际地震道之间有较好相关性的模型地震道，这些模型道代表了在整个区域内的地震层段中地震信号的总体变化，然后逐道与模型道相比进行判别归类，形成微地震相图，利用色标变化可以直观地显示出微地震相的平面分布区，根据不同的已知井信息就可以判断出哪些相区较为有利。

通过地震相分析，预测苏东 27-53 井盒 8 段砂体厚度 25m，实钻 25.1m（图 5-4）；

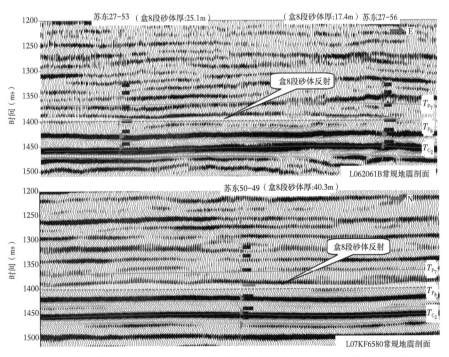

图 5-4　苏里格气田东区 L062061B 常规地震剖面和 L07KF6580 常规地震剖面

预测苏东 27-56 井盒 8 段砂体厚度 20m，实钻 17.4m；预测苏东 50-49 井盒 8 段砂体厚度 30~35m，实钻 40.32m。

2）叠前反演技术

叠前反演技术是利用道集数据及纵波速度、横波速度、密度等测井资料，反演出多种岩石物理参数来综合判别储层岩性、物性及含气性的一种新技术。叠前反演的关键技术是求准井的弹性阻抗曲线和子波提取（图 5-5）。

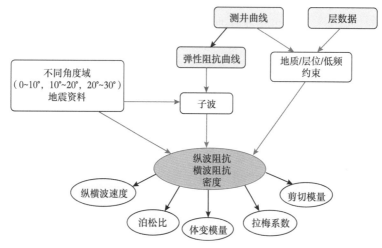

图 5-5 地震叠前反演流程图

3. 含气性检测技术

在主河道带和砂体厚度预测的基础上，利用地震属性分析、AVO 烃类检测、油气检测、反演、属性融合技术等方法进行物性、含气性预测（图 5-6 至图 5-9）。

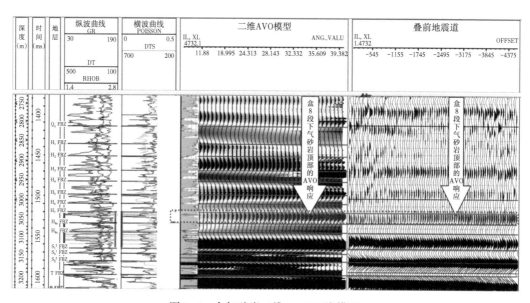

图 5-6 含气砂岩二维 AVO 正演模型

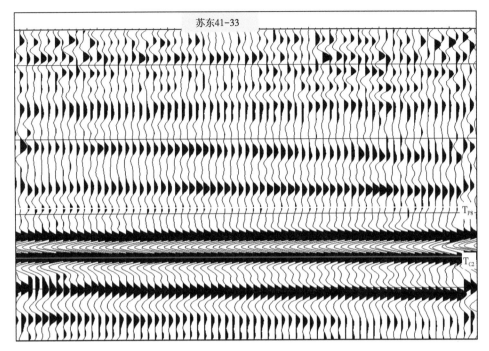

图 5-7 苏东 41-33 井叠前道集 AVO 剖面

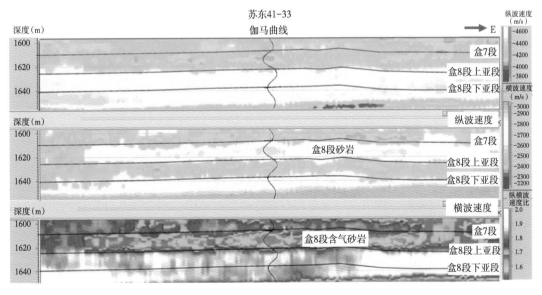

图 5-8 07KF6991 测线叠前反演

AVO 烃类检测是一项利用叠前振幅信息研究岩性并检测油气的重要技术，它是依据不同岩石或同一岩石含流体后泊松比有明显变化的原理，从纵波反射振幅随炮检距的变化隐含了泊松比（或横波速度）信息的角度来预测地层岩性及含气性。砂岩含气时，在道集剖面上随炮检距的增加振幅明显加强。

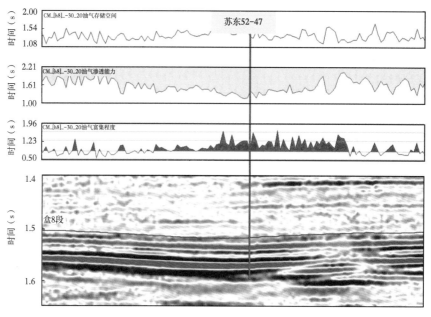

图 5-9　L061935 测线叠 KLinversion 含气性检测

油气存储空间：计算的是低频敏感频段内的累计能量。该参数表示目的层段内可动油气的存储总量越多。该方法是在目的层段内求取平均值，因此会受到围岩的影响，但计算结果比较稳健。

油气渗透能力：计算的是高频敏感频段内的累计能量。该参数表示目的层段内可动油气的渗透率能力，该值越大，表示储层渗透性能越差；反之，表示储层渗透性能越好。

油气富集程度：计算的是高、低频特征能量之比。该参数表示目的层段内的含油气饱和度大小。该值越大，含油气饱和度越大；反之越小。

图中：h8 代表层位盒 8 段；-30_20 代表从检测层位起算的检测时窗顶底范围，负号表示时窗顶界在检测层位之上。

油气检测结果值是相对的，解释时没有统一的门槛值，有油气井位于相对高值区（大于 0.8）、空井位于相对低值区视为符合

第二节　富集区优选地质评价方法

富集区优选地质评价方法主要从气层分布的控制因素出发，确定有利区的分布。一般基于有利沉积相带分析，利用井网分布和有效砂体发育规律，结合气水分布控制因素，通过编制沉积相图、有效砂体厚度图、气水分布图、构造图和储量丰度图等，预测富集区，也可进行不同类型储量区的划分。

一、含水储量区富集区优选

1. 气水分布特征

低渗透—致密砂岩气藏气水分布较为复杂，通常不存在统一的气水界面，而是以气水过渡带或者分散水体的方式存在，尤其是致密砂岩气藏，气水过渡带分布广泛。在气水混存的条件下，筛选气层相对富集的区块，是该类储量区实现有效开发的关键。苏里格气田西区是典型的含水储量区，其中苏 120 区块面积大，含水普遍，富集区优选的难度更大。

从苏里格地区整体的气水平面分布与构造的关系上看，苏里格西区位于气田构造的较

低位置，靠近气藏边界，属于气田的气水过渡区域。苏120区块位于西区渡边部，同样表现为区内大范围含水的特征。

在剖面上，苏120地区气水分布表现为如下特征：气层、水层连续性较差，且在剖面上交叉分布，没有统一的气水边界；同一个储集单元内部不存在明显的气水分异；垂向上看，自下而上气层发育比例有所减小，上部水层增加；区域范围内，东南部剖面气层发育，北部以含气水层为主（图5-10）。

在平面上，试气资料揭示气水分布没有明显的分区性，不存在严格的气水分界线；但在宏观上，自北向东南呈现水层逐渐减少、气层逐渐增加的变化趋势。钻井揭示各小层气水层分布十分分散，自山1段—盒8段，含气范围逐渐向东南缩小；在区块中东部气层发育相对集中（图5-11）。

2. 气水分布主控因素

研究区砂岩储层裂缝不发育，气水分布主要受烃源岩生烃强度、构造幅度及储层物性的影响。

1）生烃强度

从总体来看，苏里格地区的气水分布与生烃强度具有明显相关性，生烃强度弱的区域产水井比例较高。苏里格地区上古生界主要发育石炭系、二叠系腐殖型煤系气源岩和偏腐殖型海相碳酸盐岩气源岩，其中煤系气源岩为上古生界的主要气源岩，并表现为广覆式生烃的特征，生烃强度为（12~28）$\times 10^8 m^3/km^2$。天然气地球化学、储层地质、古构造背景及勘探实践方面的证据表明苏里格气田天然气的运移聚集成藏以近距离侧向、垂向运移为主。在近距离运移聚集成藏的条件下，生烃强度大、优质砂体发育的地区，储层可以源源不断地获得下伏气源供给而易于天然气富集。从苏里格气田上古生界生烃强度与气水分布关系可知，产水区多分布于生气强度小于$16 \times 10^8 m^3/km^2$的地区。

苏120地区气水层的分布受生烃强度控制明显，从南北向山1段、盒8段气藏剖面可以看出，在生烃强度接近和大于$16 \times 10^8 m^3/km^2$的南部区域，气层较为发育，其次为气水层，含气水层较少；在生烃强度小于$16 \times 10^8 m^3/km^2$的中部、北部区域，含气水层较多，其次为气水层，几乎无气层发育。弱生烃区，天然气充注程度不足，相对高渗透储层以含气水层为主；强生烃区，气源充足，天然气优先充注高渗透储层，多形成纯气层（图5-12）。

2）构造幅度

据井资料修正后的苏120区块南部盒8段顶部构造图可知，区块东南部存在多个局部的构造高点，构造与气水分布间有一定的对应关系，气层的主要分布区与构造高部位存在较好的对应关系。剖面上相对构造高部位，纯气层较为发育，构造低部位不发育纯气层，以气水层和水层为主，不存在统一的气水边界（图5-13）。

3）砂泥岩配置关系与气水分布

在生烃强度不足的情况下，砂泥岩互层中高渗透砂体更有利天然气富集。在天然气充注富集过程中由于生烃强度总体不足，厚层砂体具有较大的储层厚度，总的储集空间也相对较大，天然气以相对较低的饱和度分散于这些较大的储集空间内，不易于局部"甜点"的形成。而发育于砂泥岩互层中的厚度相对较薄的高渗透砂体，由于厚度适中，总的储集空间也适中，天然气可以以较高的含气饱和度富集，而有利于"甜点"的形成。依据实钻井统计分析，砂地比在35%~50%范围内有利于形成气层。

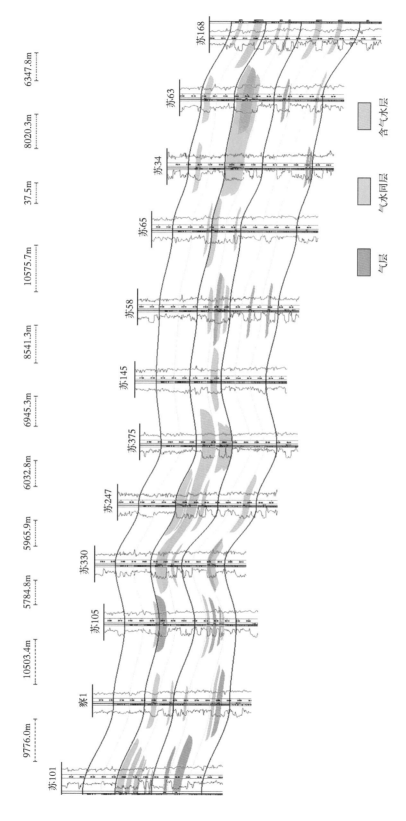

图 5-10 苏 120 地区气水分布剖面特征

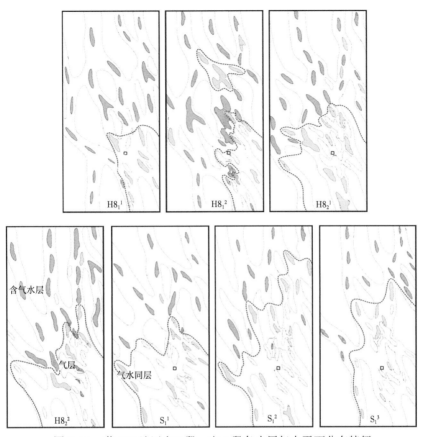

图 5-11　苏 120 地区盒 8 段、山 1 段各小层气水平面分布特征

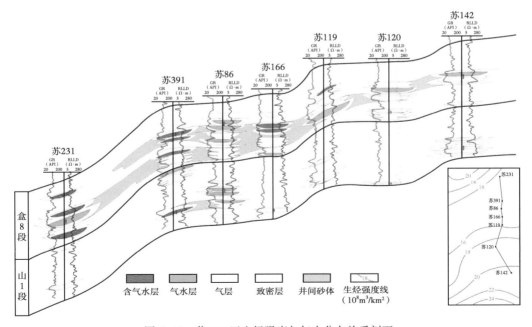

图 5-12　苏 120 区生烃强度与气水分布关系剖面

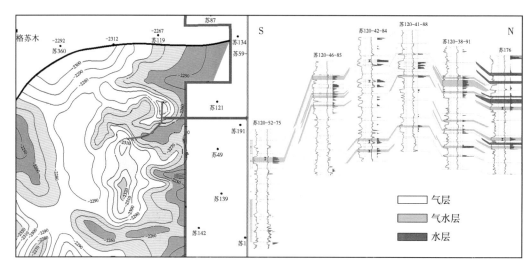

图 5-13　苏 120 气水层分布与小幅度构造分布关系图

4）储层非均质性

致密储层天然气富集规律的室内模拟实验及相关分析表明，在天然气聚集成藏的过程中，相对高渗透率的优质砂体天然气充注起始压力低，运移阻力小，天然气容易驱替水，而物性较差的砂体天然气充注起始压力高，运移阻力较大；在充足的气源供给条件下，受储层非均质控制的差异充注成藏造成天然气主要富集于物性较好的高孔隙度、高渗透率的优质砂体中，而差气层、气水层、干层则多分布于物性较差的砂岩储层中。苏里格西区气层的分布明显受储层物性的影响，在相对较为充足的气源供给条件下，物性相对较好的砂体中天然气饱和度较高，试气产能高；而物性较差的砂体则天然气饱和度较低，含水饱和度较高，试气产能低。储层物性的差异导致在同等生烃强度条件下，排驱压力小的高渗透储层被优先充注形成纯气层，而物性差的储层排驱压力较大，原始地层水难以被完全驱替，形成含气水层（图 5-14）。

根据测井解释结论，局部的气水分布可总结为五种类型（图 5-15）：上水下气型、上气下水型、上下水夹气型、巨厚储层气水混存型、纯气型。前三种气水分布类型主要受控于储层物性。储层下部岩性较纯且孔渗条件优于上部时，天然气优先充注下部，上部气水混存，表现为上水下气型；储层上部岩性较纯且孔渗条件优于下部，天然气优先充注上部，下部气水混存，表现为上气下水型；储层中部岩性较纯且孔渗条件最好，天然气优先充注中部，上部、下部气水混存，表现为上下水夹气型。物性没有明显差异的巨厚非优质储层中，天然气难以有效聚集，形成气水混存型储层，为巨厚储层气水混存型；局部物性好的孤立砂岩，夹于厚层泥岩中，天然气充注充分，表现为纯气型。

3. 气水空间分布模式

鄂尔多斯盆地上古生界气源岩主要为下部本溪组、太原组及山西组的煤系地层，下石盒子组、山西组及太原组内发育的物性较好的碎屑岩可形成有效储层，苏里格气田主力储层为下石盒子组底部的盒 8 段和山西组上部山 1 段砂体，石千峰组、下石盒子组厚层泥岩形成区域性盖层，天然气聚集成藏以下生上储型的近距离侧向运移、垂向运移为主。

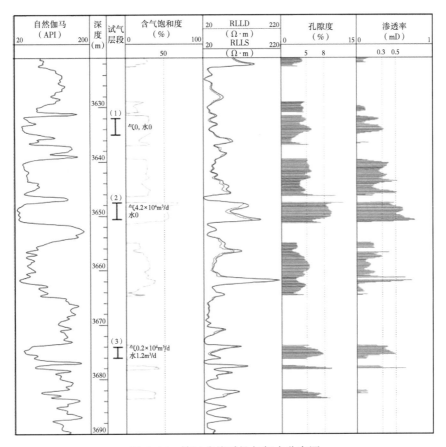

图 5-14　储层非均质性与气水分布图

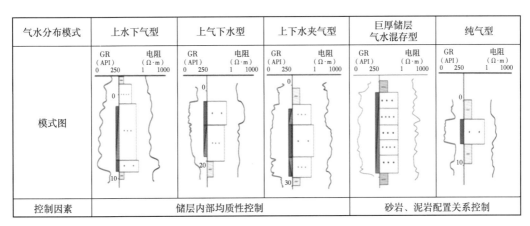

图 5-15　单井气水分布类型

研究区横向、纵向上的气水分布主要受烃源岩生烃强度、构造幅度及储层非均质性影响。生烃强度控制着气水分布格局，生烃强度大的区域，气层相对发育；小幅度构造控制着局部气水分异，高部位气层相对发育；储层非均质性强导致气水层分布连续性差，在近源层位物性好的储层容易形成好的气层。研究区宏观的气水分布模式如图 5-16 所示。

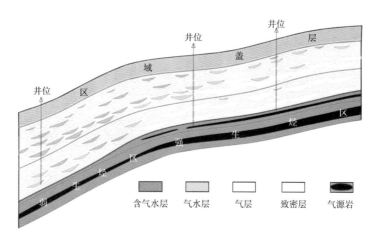

图 5-16　苏里格西区气水分布模式

4. 富集区优选

以区块岩心分析资料、钻井资料、测井资料、测试资料及地震资料为基础，将地质与地震结合，根据地震砂体预测结果和沉积相分布特征，编制砂体等厚图；同时，结合测井解释成果和高渗透砂体地震预测结果，编制高渗透砂体分布图，明确高渗透砂体的分布特征。在此基础上，依据高渗透砂体与生烃强度、单井气水层厚度百分比、地震储层综合评价图的关系，刻画富水区与富气区的分布，并结合钻井、地震构造解释成果图，编制主力层顶面构造等值线图。综合富气区的分布与构造相对高度的分布，优选高产气层富集区（图 5-17）。

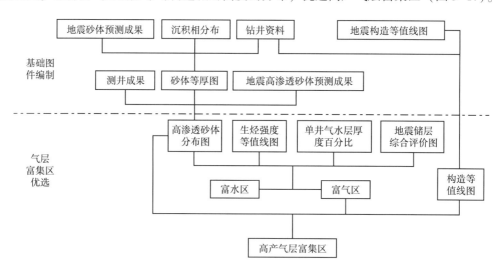

图 5-17　苏 120 区块富集区优选技术流程图

1) 高渗透砂体等厚图的编制

苏 120 区块具有多层含气的特征，且气层相对分散，预测难度大。因此，以目的层盒8 段上亚段、盒 8 段下亚段和山 1 段合层作为最终编图单元，基于单井测井解释的有效储层，结合地震储层预测结果，编制高渗透砂体等厚图（图 5-18、图 5-19）。由图可见，由北向南，高渗透砂体发育程度越来越好。位于区块中部和东南部的高渗透砂体规模、厚度均较大，厚度大于 8m 的高渗透砂体连片性较好，局部连片分布。

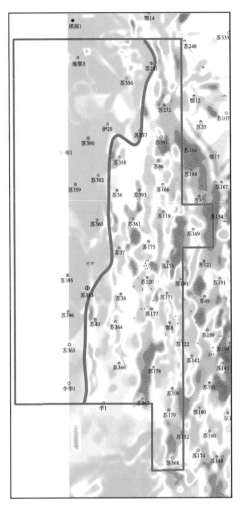

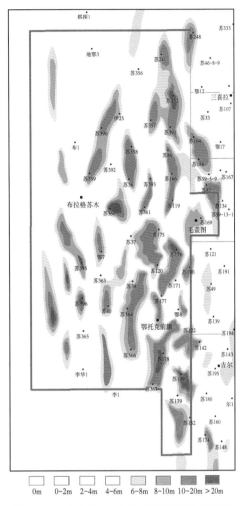

图 5-18　盒 8 段+山 1 段地震储层综合评价图　　图 5-19　盒 8 段+山 1 段高渗透砂体等厚图

2）富气区与富水区划分

富气区与富水区的划分主要基于生烃强度、构造、高渗透砂体分布等方面综合考量。

首先，编制覆盖苏 120 区块的生烃强度等值线图和单井气层、水层厚度百分比分布直方图，将两者进行叠合，组成气层、水层分布与生烃强度等值线叠合图（图 5-20、图 5-21）。通过研究、对比分析，盒 8 段以 $14×10^8 m^3/km^2$ 生烃强度等值线为界，山 1 段以 $16×10^8 m^3/km^2$ 生烃强度等值线为界划分了富气区和富水区。由图可见，区块北部主要发育水层，南部气层发育比例高。

3）富集区优选

将不同层位的富气区与富水区分界线与高渗透砂体等厚度图叠合，以主力层盒 8 段的分界线为主，适当调整，作为区内合层的富水区和富气区的分界线，从而确定区内东南部的交集区域为富气区（图 5-22）。在富气区内，考虑到小幅度构造对局部气体聚集的控制作用，井震结合编制盒 8 段顶面构造图（5-23）。最后，依据小幅度构造形态和储层发育状况，以大于 3m 的高渗透砂体等值线图为基础，在相对构造高部位圈定 4 个气层富集区（图 5-24）。

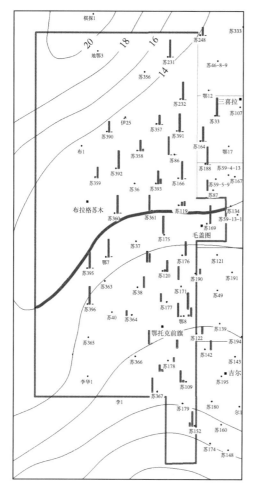

图 5-20　盒 8 段气层、水层分布与生烃强度
等值线叠合图

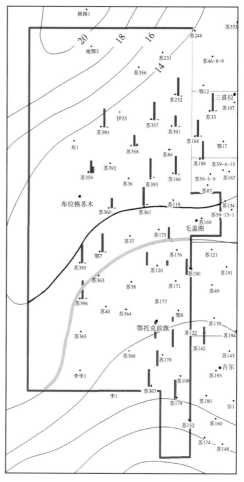

图 5-21　山 1 段气层、水层分布与生烃强度
等值线叠合图

二、多层系储量区富集区优选

对于垂向上发育多个层系有效储层、各个层系储层条件差异大的气田，富集区筛选难度较大。有些层段有效厚度较大，但是含气性较差，储层产气能力差；有些层段厚度小，但是储层物性好、含气性好，储层产气能力强。这种条件下，单纯依靠有效厚度、含气饱和度等参数难以建立有效的优选标准，即使储量丰度也不能充分反映储层条件的好坏，因此需要进行归一化储量，消除各层之间的差异，实现有利区筛选。鄂尔多斯盆地东部神木气田是典型的多层系低渗透—致密气藏，以此为例来说明这类气藏富集区优选的地质评价方法。

1. 多层系储层特征

神木气田双 3 区块有效储层发育在太 2 段、山 2 段、山 1 段及盒 8 段，具有多层系含气、气层分散分布、多层叠合连片的特征。有效储层多期错落叠置，单层厚度不大，但是叠合后累计厚度大；各个单层有效砂体多分散、零星分布，多层错落叠置后，合层平面连

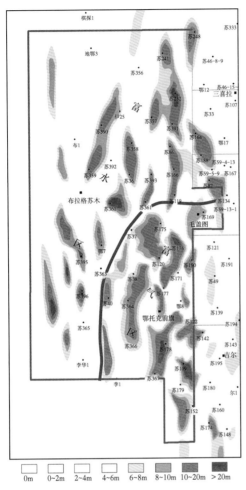

图 5-22　富气区与富水区划分图

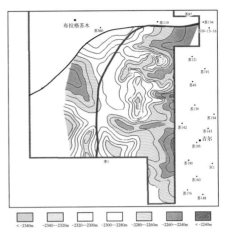

图 5-23　苏 120 区块南部盒 8 段顶面构造图

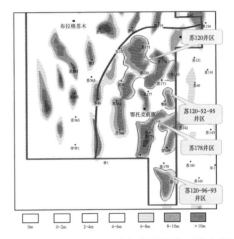

图 5-24　苏 120 区块南部气层富集区分布图

片分布。统计分析表明，盒 8 段至太原组有效储层厚度范围为 2.0~57.4m，平均厚度为 24.6m。不同层段有效储层发育情况不同，盒 8 段、山 1 段有效储层较发育，有效储层钻遇率分别为 94.0%、86.0%，山 2 段、太 2 段次之，钻遇率分别为 77.1%、72.2%，太 1 段最差，有效储层钻遇率为 27.8%（表 5-1）。

表 5-1　双 3 井区有效砂岩发育统计表

层位	有效厚度范围（m）	平均有效厚度（m）	钻遇率（%）
盒 8 段	1.0~26.5	7.8	94.0
山 1 段	1.2~22.4	6.8	86.0
山 2 段	1.0~18.6	5.6	77.1
太 1 段	1.0~12.1	3.9	27.8
太 2 段	1.1~10.0	8.1	72.2
合计	2.0~57.4	24.6	100.0

不同层位有效储层分布规律各异，平面表现出零星状、片状、带状3种主要分布特征。盒8段主要为河控三角洲平原沉积，有效砂体呈条带状分布，局部连片，整体发育较好。山西组整体为河控三角洲平原沉积，有效砂体展布呈条带状，以连片状分布为主，局部厚层区呈条带状分布。山1段有效储层发育程度优于山2段。太原组主要为潮控三角洲沉积，太1段为潮控三角洲前缘沉积，有效砂体呈零星状展布，规模小，整体发育差。太2段为潮控三角洲平原沉积，有效砂体呈片状展布，规模尺度大。总体来看，上古生界主要含气层位有效储层厚度大，钻遇率高，呈连片状分布。

结合野外露头、岩心观察、测井曲线、有效砂体对比剖面开展有效砂体规模分析（表5-2、图5-25、图5-26）。评价结果表明：太原组有效单砂体厚度范围为1.5~6.5m，宽度范围为400~1000m，长度范围为500~1400m，叠合有效砂体厚度范围为2.5~14.0m，宽度范围为800~1800m，长度范围为1600~2800m；山2段有效单砂体厚度范围为1.5~7.5m，宽度范围为400~1000m，长度范围为600~1600m，叠合有效砂体厚度范围为4.5~15.0m，宽度范围为800~2000m，长度范围为1800~3200m；山1段有效单砂体厚度范围为1.0~5.0m，宽度范围为200~600m，长度范围为400~1200m，叠合有效砂体厚度范围

表5-2 双3井区太原组有效砂体规模统计表

层位	砂体类型	有效砂体规模		
		厚度（m）	宽度（m）	长度（m）
盒8段	单砂体	1.5~6.5	300~800	500~1400
	叠合砂体	3.5~12.0	800~1600	1000~2000
山1段	单砂体	1.0~5.0	200~600	400~1200
	叠合砂体	2.5~10.0	500~1200	1000~2200
山2段	单砂体	1.5~7.5	400~1000	600~1600
	叠合砂体	4.5~15.0	800~2000	1800~3200
太原组	单砂体	1.5~6.5	400~1000	500~1400
	叠合砂体	2.5~14.0	800~1800	1600~2800

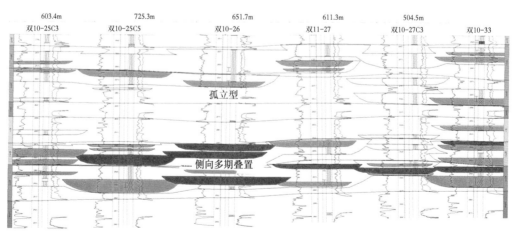

图5-25 双3井区双10-25C3井—双10-26井—双8-36井有效砂体对比剖面（山2段—太原组）

为 2.5~10.0m，宽度范围为 500~1200m，长度范围为 1000~2200m；盒 8 段有效单砂体厚度范围为 1.5~6.5m，宽度范围为 300~800m，长度范围为 500~1400m，叠合有效砂体厚度范围为 3.5~12.0m，宽度范围为 800~1600m，长度范围为 1000~2000m。总体而言，山 2 段、太原组有效砂体规模较大，盒 8 段、山 1 段有效砂体规模相对较小。

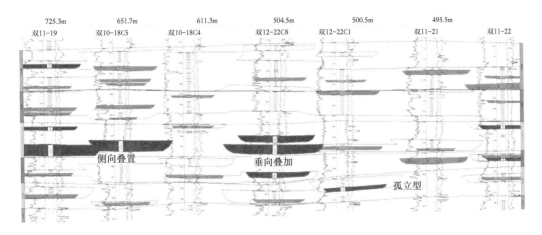

图 5-26 双 3 井区双 11-19 井—双 12-22C8 井—双 11-22 井气藏剖面（盒 8 段—山 1 段）

2. 富集区优选

对不同层系储层发育情况进行对比分析，太原组的平均单层有效厚度最大，达到 6.5m，山 1 段和山 2 段居中，盒 8 段最小，仅为 3.8m；储层物性条件，盒 8 段最好，孔隙度和渗透率都是最高的，其次为山 1 段，太原组和山 2 段物性条件最差；含气饱和度则是山 2 段最好，其次是太原组和山 1 段，盒 8 段最差（图 5-27）。从各层对比结果来看，有效厚度最大的太原组，物性最差，含气性最好的山 2 段，有效厚度较小，而物性最好的盒 8 段，有效厚度小，含气性也差，单一因素不足以反映各层的储层特征。

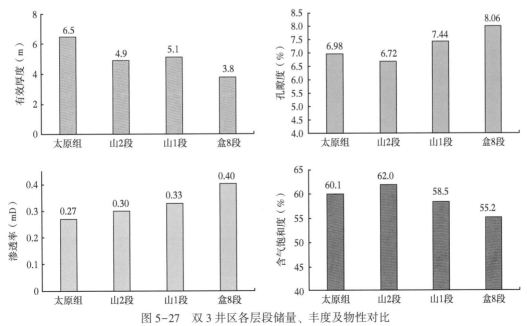

图 5-27 双 3 井区各层段储量、丰度及物性对比

为了得到合理的富集区优选指标，动静态资料结合，对区内各个地质参数与产气能力进行相关分析。依据试气和生产资料，计算各井单位厚度日产气量，进一步与各个地质参数做交会图（图5-28）。单位厚度日产气量为（0.01~0.42）×10⁴m³，其与泥质含量、孔隙度、渗透率和含气饱和度相关性极差，毫无规律，因此单一因素不能很好地反映储层的产气能力，无法用于优选富集区。

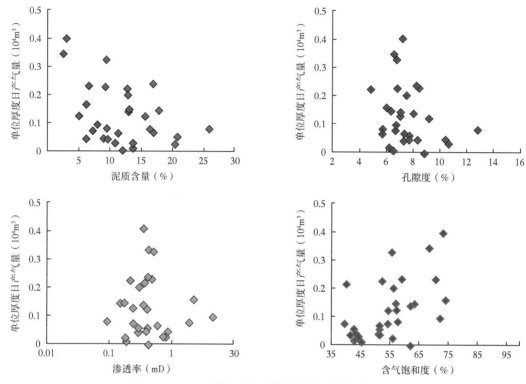

图 5-28　双 3 区块气井产气能力影响因素相关性分析

储量丰度是对储层厚度和含气性的综合体现，通常作为富集区优选的主要参数。双 3 区块盒 8 段至太 2 段单井储量丰度主要分布范围为（0.8~2.0）×10⁸m³/km²，平均为 1.53×10⁸m³/km²（图5-29）。储量丰度与有效厚度表现出较好的正线性相关关系（图5-30）。

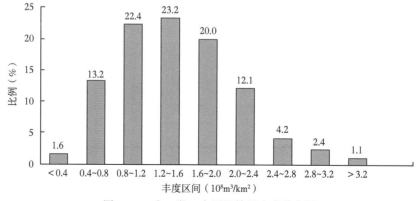

图 5-29　盒 8 段—太原组储量丰度分布图

太原组平均储量丰度为 $0.64 \times 10^8 m^3/km^2$，储量高丰度区呈片状分布，集中分布于双 3 井区中北部，连续性较好。山 2 段平均储量丰度为 $0.45 \times 10^8 m^3/km^2$，高储量丰度区呈带状分布，连续性差。山 1 段储量丰度平均为 $0.43 \times 10^8 m^3/km^2$、盒 8 段储量丰度平均为 $0.32 \times 10^8 m^3/km^2$，高储量丰度区均呈带状分布。

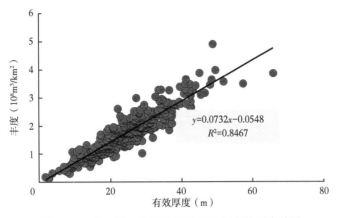

图 5-30　盒 8 段—太原组储量丰度与有效厚度关系

　　由于有效储层产气能力与储层平均孔隙度、渗透率、含气饱和度、有效厚度和泥质含量等单因素相关性较差，因此拟通过计算合层储量丰度揭示储层产气能力。通过计算气井动态控制储量，与合层储量丰度进行相关性分析，结果表明，二者相关性较差（图 5-31）。原因主要是各层有效储层条件差异较大，厚度大的储层产气能力不一定大，厚度小的储层产气能力不一定小。为此，需要对储量丰度进行校正，提高储量丰度与气井产能的相关性。

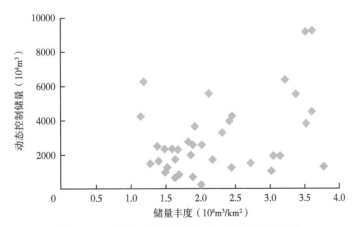

图 5-31　原始储量丰度与气井动态储量关系图

　　结合现场分层测试资料，计算不同层系的米采气指数，进行归一化处理，作为反映不同层系供气能力的修正系数。评价结果表明，盒 8 段、山 1 段、山 2 段、太原组气层平均单位厚度气层产气量分别为 $0.10 \times 10^4 m^3/d$、$0.13 \times 10^4 m^3/d$、$0.21 \times 10^4 m^3/d$ 和 $0.18 \times 10^4 m^3/d$。以山 2 段为基准，进行标准化处理，则太原组、山 1 段、盒 8 段产气能力分别相当于山 2 段的 86%、62%、48%。以此为系数，分层计算各个层段储量丰度，利用修正系数对不同层系储量丰度进行归一化处理，修正后储量丰度与气井产能建立了良好的相关性，可以将其作为储量品质评价及富集区优选的关键参数（图 5-32）。

$$F_{修正} = aF_{H7} + bF_{H8} + cF_{S1} + dF_{S2} + eF_T \qquad (5-1)$$

修正系数：$a = 0.15$；$b = 0.48$；$c = 0.62$；$d = 1.0$；$e = 0.86$

式中　$F_{修正}$——修正储量丰度，$10^8 m^3/km^2$；

　　　F_{H7}——盒 7 段储量丰度，$10^8 m^3/km^2$；

　　　F_{H8}——盒 8 段储量丰度，$10^8 m^3/km^2$；

　　　F_{S1}——山 1 段储量丰度，$10^8 m^3/km^2$；

　　　F_{S2}——山 2 段储量丰度，$10^8 m^3/km^2$；

　　　F_T——太原组储量丰度，$10^8 m^3/km^2$。

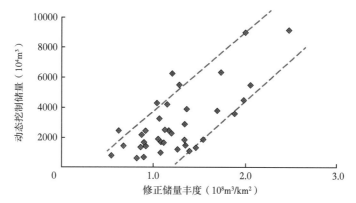

图 5-32　修正储量丰度与气井动态储量关系图

综合经济效益、有效砂体结构、修正储量丰度等指标，建立了神木气田双 3 井区储量综合分类评价标准，将储量划分为 I 类储量、Ⅱ 类储量和 Ⅲ 类储量 3 种类型，其中 I 类储量区可以作为富集区优先开发，Ⅱ 类储量区作为次富集区（表 5-3）。

I 类储量区修正储量丰度大于 $1.2 \times 10^8 m^3/km^2$，总有效厚度大于 18m，平均渗透率大于 0.6mD。这类储量由多层系有效储层叠合形成，主力层相对突出，连通性相对较好。此类储量是当前开发动用的主要类型。

表 5-3　双 3 井区储量可动用性评价标准

储量类型	EUR（$10^4 m^3$）	修正丰度（$10^8 m^3/km^2$）	总有效厚度（m）	渗透性（mD）	地质特征		开发技术对策	可动用性
					砂体样式	连通性		
I 类储量	>1700	>1.2	>18	>0.6	多层系叠合，主力层突出，局部有限连通	多层错置，有限连通	直井、定向井丛式井，局部水平井	优选动用

续表

储量类型	EUR (10^4m^3)	修正丰度 ($10^8m^3/km^2$)	总有效厚度 (m)	渗透性 (mD)	地质特征		开发技术对策	可动用性
					砂体样式	连通性		
Ⅱ类储量	1200~1700	0.6~1.2	9.0~18.0	0.4~0.6	无主力层系，分散孤立	 分散非连通	直井、定向井为主	可动用
Ⅲ类储量	<1200	<0.6	<9.0	<0.4	零星分散孤立	 零星分散非连通	降低综合投资成本，争取气价补贴	难动用

　　Ⅱ类储量区修正储量丰度介于（0.6~1.2）×$10^8m^3/km^2$，总有效厚度在9~18m之间，平均渗透率在0.4~0.6mD之间。这类储量缺乏主力层系，有效储层分散孤立，连通性较差。此类储量当前难以全面开发动用，但具有一定的开发潜力。

　　Ⅲ类储量区修正储量丰度小于0.6×$10^8m^3/km^2$，总有效厚度小于9m，平均渗透率小于0.4mD。这类储层有效砂体零星分布，彼此不连通。此类储量属难动用储量。

第六章 低渗透—致密砂岩气藏
地质建模技术

低渗透—致密砂岩气藏储层非均质性强、有效砂体小而分散，对地质建模提出了更大的挑战。针对早期评价、滚动建产及后期开发调整等开发阶段，为满足不同的生产需求，提出相应的建模策略。在早期评价阶段，资料较少，主要是探井和评价井的资料，首要的任务是明确有效储层规模尺度及连通性，确定初期井型井网。因此，这一阶段的建模策略是建立概念模型。在滚动建产阶段，掌握了大量的开发井资料，需要评价井型井网的适应性，提高储量的动用程度。这一阶段的技术策略为建立区块静态模型，优化井网部署。在开发调整阶段，随着开发程度的深入，开发井及动态资料越来越详实和丰富，需要预测剩余储量分布，开展井网加密工作，提高采收率。这一阶段的建模策略是建立精细预测模型。

第一节 早期评价阶段地质建模

在气田早期评价阶段，主要利用加密井解剖，确定有效砂体连通模式，建立储层概念模型，提出 600m×1200m 气田开发初始井网。

苏里格气田开发早期的核心问题是气层厚度小、各井差异大（图6-1），气层规模尺度、连续性、连通性不确定性强，成功部署开发井存在较大挑战。在这样的背景下，提出

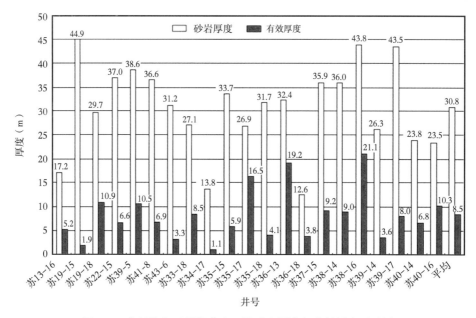

图6-1 苏里格气田早期井盒8段砂岩厚度与有效厚度对比图

技术对策：在优选富集区的基础上，钻加密解剖井，确定气体层规模尺度；之后建立概念地质模型，揭示气层分布规律，确定初始井网。

一、气层连续性和连通性

探井和评价井不足以反映气层开发特征，制约着开发井的部署，优先设计加密解剖井，不以建产为目的，重点解剖有效砂体的规模尺度、连通特征。

依据沉积体系类比、相似气田分析、地质露头分析、试井资料信息等，早期优选出 7 个建产区块（图 6-2），作为苏里格气田前期产能建设目标区。2003 年苏里格部署实施了两排共 12 口加密井（图 6-3），其中苏 38-16 排井距 800m，苏 39-14 排井距 1600m。

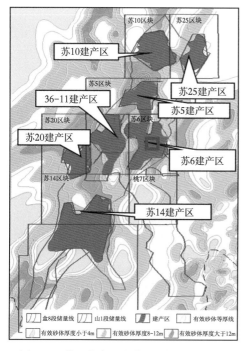

图 6-2　苏里格气田早期有利区块分布图

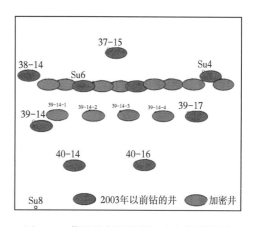

图 6-3　苏里格气田早期加密解剖井部署

通过井间对比分析基本明确了有效砂体规模。加密井共钻遇含气砂体 28 个，其中宽度大于 1600m 的含气砂体 1 个，占 3.6%；宽度在 800~1600m 范围内的含气砂体 6 个，比例为 21.4%；宽度小于 800m 的含气砂体 21 个，比例为 75%。说明在 800m 的井距条件下，仍有较大比例的含气砂体井网控制不到（图 6-4）。

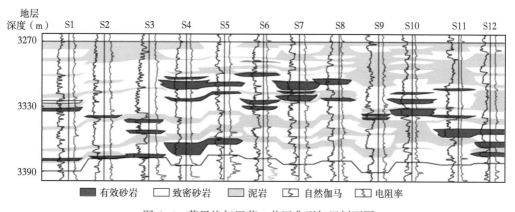

图 6-4　苏里格气田苏 6 井区典型气田剖面图

通过加密井分析，建立了有效砂体的 3 种叠置模式。孤立型有效砂体横向上分布局限（图 6-5），规模为宽 300~500m；心滩与河道下部粗岩相相连型（图 6-6），主砂体仍为宽 300~500m，薄层粗岩相延伸较远；心滩切割相连型（图 6-7），局部可连片分布，规模可达 1km 以上。

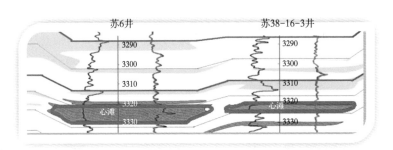

图 6-5　孤立型有效砂体

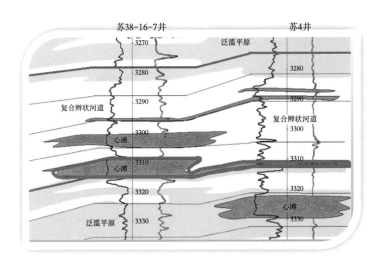

图 6-6　心滩与河道下部粗岩相相连型

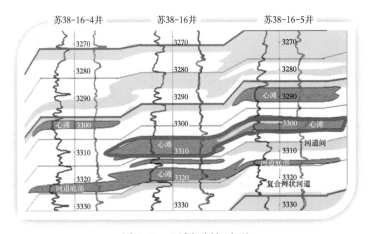

图 6-7　心滩切割相连型

二、储层概念地质模型

以地质认识为基础，结合单井资料，建立反映气层分布特点的储层概念模型，揭示气层的发育频率、规模、连通性等。

建模参数依据：根据野外露头分析（图 6-8），心滩砂体厚度为 1～5m，宽 150～500m，长 350～1200m；根据试井认识（图 6-9），有效砂体宽 50～200m，长 500～2000m；根据加密井认识，主砂体宽 300～500m。

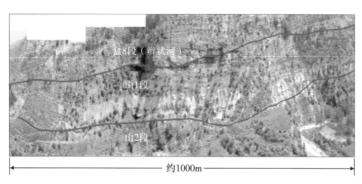

图 6-8　柳林野外露头剖面

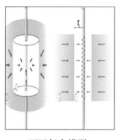
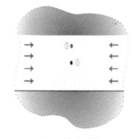

图 6-9　苏里格气田试井解释有效砂体几何形态模型

建模方法选择基于目标的标点过程方法，基于沉积储层分析，划分出 6 种沉积微相：辫状河道、河道充填、心滩、决口扇、河道间、泛滥平原，其中河道充填及心滩储层物性相对较好，是有效砂体富集的有利沉积相带。基于单井模型（图 6-10、图 6-11），建立井区的概念地质模型（图 6-12）。

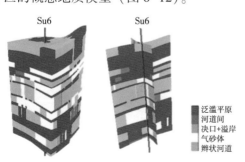
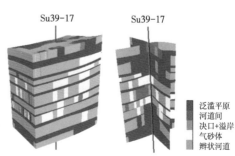

图 6-10　苏 6 井单井模型　　　　　图 6-11　苏 39-17 井单井模型

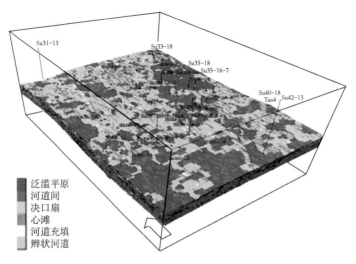

图 6-12　苏 6 井区概念地质模型

三、600m×1200m 井网

综合气层特征和地质模型模拟，确定气田开发的井网、井距。河流相储层，气层呈近南北向条带状分布，采用菱形井网覆盖。砂体规模小于 800m，设计南北向排距大于东西向井距，对比多套井网（图 6-13），确定 600m×1200m 的初期井网。实钻过程中先实施骨架井，再加密到设计井网。

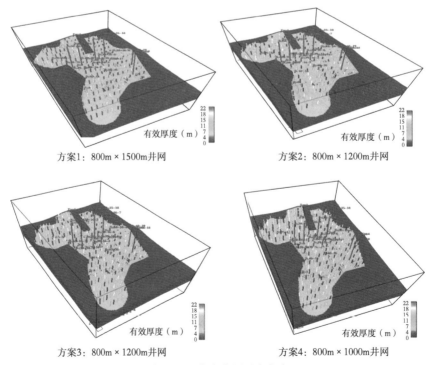

方案1：800m × 1500m井网　　　　方案2：800m × 1200m井网

方案3：800m × 1200m井网　　　　方案4：800m × 1000m井网

图 6-13　多套井网开发方案

第二节 滚动建产阶段地质建模

利用密井网和动态资料确定有效砂体分布规律，建立区块静态模型，提出 600m×800m 井网和水平井开发优化方式。

核心问题：气层大面积分布，不同区域气层分布规律不明确，初期确定的井网是否可以推广应用，如何进一步优化井型井网、提高储量动用程度？

技术对策：不断深化储层特征认识，建立不同区块静态地质模型，针对不同地质目标，优化井型井网。

一、有效砂体规模尺度

根据丰富的密井网和动态资料，进一步确定有效砂体规模尺度。

针对苏 14、苏 6、苏 10 三个区块的密井网区开展有效砂体解剖研究（图 6-14、图 6-15），结合干扰试井等资料（图 6-16），进一步落实了有效砂体发育特征，明确了有

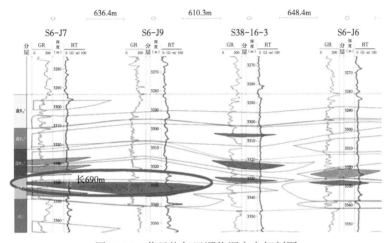

图 6-14 苏里格气田顺物源方向解剖图

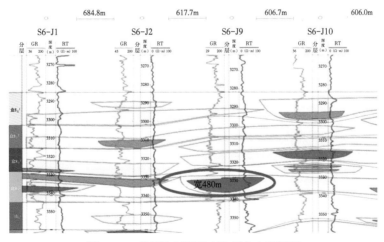

图 6-15 苏里格气田垂直物源方向解剖图

效单砂体厚度为 1~5m，宽度为 300~500m，长度为 400~700m；70%以上的有效砂体厚度小于 3.5m（图 6-17）。

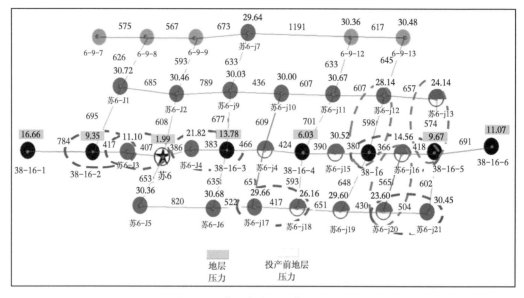

图 6-16 苏 6 加密区干扰试验井组

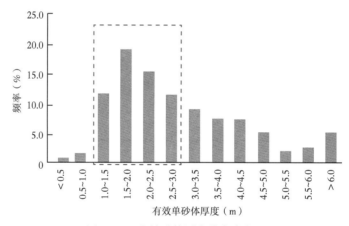

图 6-17 有效砂体厚度分布直方图

二、辫状河体系带

建立了辫状河体系带划分标准，明确不同体系带内有效砂体分布规律。

苏里格辫状河沉积体系的形成是地质历史时期物源、水动力、古地形、可容纳空间、沉积物供给等多地质因素共同作用的结果（刘显阳等，2012；王继平等，2011；单敬福和杨文龙，2012），是一定地层规模的沉积环境和沉积物的总和。多井资料揭示有效砂体分布受辫状河体系带控制，可划分出辫状河体系叠置带、辫状河体系过渡带和辫状河体系间（图 6-18）。叠置带多期河道叠加，泥岩夹层不发育，有效砂体呈薄厚不等的多层特征，累计厚度较大 [图 6-19（a）]；过渡带砂泥岩互层沉积，有效砂体多为薄层状 [图 6-19

（b）］；体系间以细砂岩、泥岩为主，有效砂体不发育［图6-19（c）］。

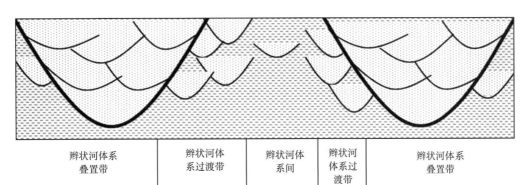

辣状河体系
叠置带　　　辣状河体
系过渡带　　辣状河体
系间　　　辣状
河体
系过
渡带　　　辣状河体系
叠置带

图6-18　辣状河体系带分布模式图

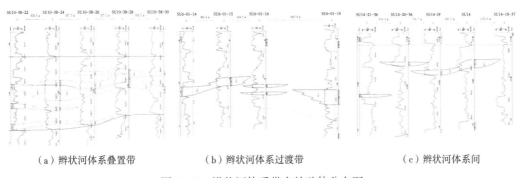

（a）辣状河体系叠置带　　　　　（b）辣状河体系过渡带　　　　　（c）辣状河体系间

图6-19　辣状河体系带有效砂体分布图

以层次界面与结构单元为理论指导，通过岩心、单井、层面的相互标定，建立其间的联系，选取储层厚度、砂地比、砂体垂向叠置率、砂体侧向连通率四类共8个参数，利用多因素分析方法建立了苏里格辣状河体系叠置带、过渡带、辣状河体系间的划分标准（表6-1），避免了单因素判识造成的误差，相比与前人仅用砂地比这一个参数建立的标准，更具科学性、准确性和实用性。本研究的辣状河体系划分标准中，砂体连通率是指一个砂层组内砂体连通的层数与砂体发育总层数的比值，数值范围在0～1之间。以此划分标准对取心段的辣状河体系带进行回判计算，其正确率达到88.3%，说明建立的辣状河体系划分标准是可靠的。

表6-1　辣状河体系划分标准

辣状河体系	储层厚度（m）		厚度比例		叠置层数（个）		侧向连通率	
	砂体	有效砂体	砂地比	净毛比	砂体	有效砂体	顺物源	垂直物源
叠置带	>16	>6	>0.6	0.3～0.6	≥3	≥2	>0.8	0.7～0.8
过渡带	6～16	1～6	0.2～0.6	0.1～0.3	2～3	1～2	>0.6	0.5～0.6
体系间	<6	<1	<0.2	<0.1	<2	≤1	<0.5	<0.5

分析表明,辫状河体系带对沉积微相的发育具有较强的控制作用,它对沉积微相的约束主要体现在沉积微相的发育类型、发育频率和发育规模等方面(李志鹏等,2012)。同时,有70%以上的有效砂体分布在叠置带内。

从沉积微相的发育类型和发育频率来看,叠置带以心滩发育为主,以河道发育充填为辅,各层位心滩发育比例为45%~70%,平均值为57.94%(表6-2),为过渡带心滩发育频率的近两倍;过渡带以河道沉积为主,以心滩发育为辅,各层位河道充填平均发育比例为71.82%(表6-2);体系间以发育泛滥平原为主,以河道充填为辅。

表6-2 叠置带与过渡带心滩、河道充填发育比例　　　　　　　　单位:%

层位	辫状河体系叠置带		辫状河体系过渡带	
	心滩	河道充填	心滩	河道充填
$H8_1^1$	59.04	40.96	21.77	78.23
$H8_1^2$	59.56	40.44	36.02	63.98
$H8_2^1$	63.52	36.48	33.15	66.85
$H8_2^2$	72.10	27.90	28.12	71.88
S_1^1	43.62	56.38	23.65	76.35
S_1^2	62.73	37.27	34.59	65.41
S_1^3	45.00	55.00	19.99	80.01
平均	57.94	42.06	28.18	71.82

从沉积微相的发育规模来看(图6-20至图6-22),叠置带内发育的心滩平均厚5.9~6.1m、宽440~460m、长880~920m;过渡带内发育的心滩平均厚5.5~6.0m、宽360~390m、长680~740m。叠置带心滩发育规模比过渡带心滩厚0.3~0.5m、宽70~80m、长100~200m。

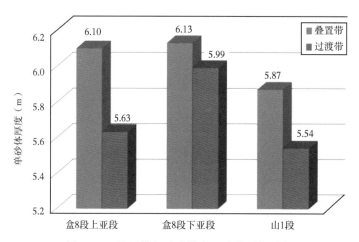

图6-20 叠置带与过渡带内心滩的平均厚度

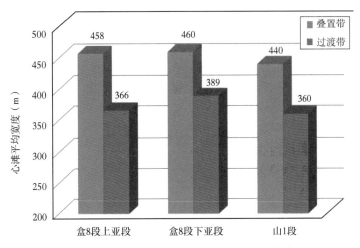

图 6-21 叠置带与过渡带内心滩的平均宽度

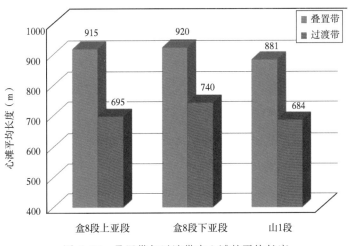

图 6-22 叠置带与过渡带内心滩的平均长度

三、储层静态地质模型

提出以砂泥岩骨架模型为背景模拟心滩分布的建模思路，提高了建模的准确性和效率，为优化布井提供依据。

苏里格气田砂体连片发育，有效砂体占砂体的 1/5 ~ 1/3，具有"砂包砂"的发育特点，据此先建立砂体骨架模型，分为两步：首先根据井点粗化的泥质含量，建立泥质含量三维模型（图 6-23），然后根据泥质含量截止值，建立砂体骨架模型（图 6-24）。在砂体骨架模型的基础上，根据心滩的规模尺度和分布规律，应用基于目标的模拟方法建立了心滩三维模型（图 6-25）。以此方法相继建立了多个区块的储层地质模型（图 6-26 至图 6-28），反映了有效砂体的空间分布规律，为井网优化提供依据。

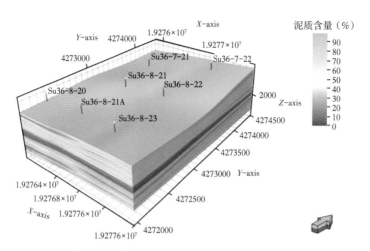

图 6-23　苏 36-8-21 井组泥质含量三维模型

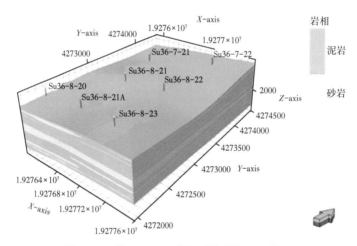

图 6-24　苏 36-8-21 井组砂体骨架三维模型

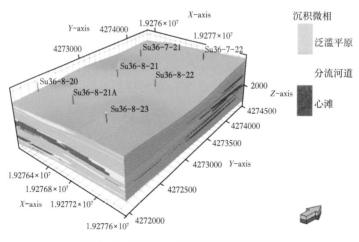

图 6-25　苏 36-8-21 井组沉积相模型

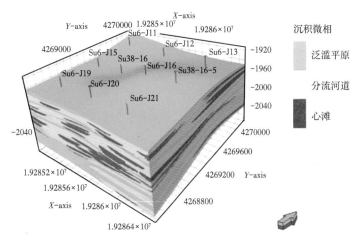

图 6-26　苏 6-J16 井组沉积相模型

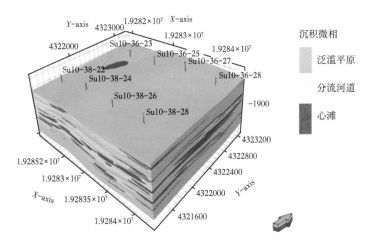

图 6-27　苏 10-38-24 井组沉积相模型

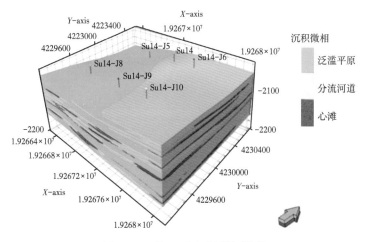

图 6-28　苏 14 井组沉积相模型

四、600m×800m 井网

通过有效砂体解剖和地质模型模拟，将直井井网由 600m×1200m 优化到 600m×800m。在密井网区地质建模基础上（图 6-29），采用数值模拟优化井网，分析表明：单井控制面积为（0.3±0.05）km²，井距小于 500m 单井可采储量下降幅度显著增大（图 6-30），排距小于 700m 单井可采储量下降幅度显著增大（图 6-31）。因此，合理井距在 600m 左右，排距在 800m 左右。

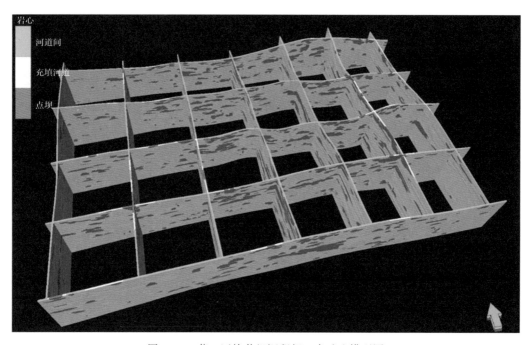

图 6-29　苏 6 区块井组沉积相、净毛比模型图

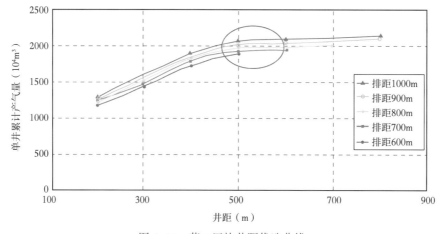

图 6-30　苏 6 区块井距优选曲线

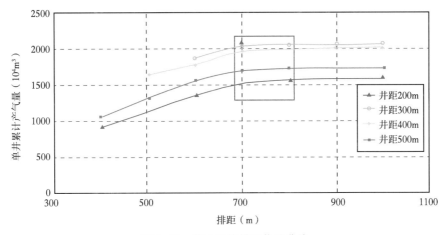

图 6-31 苏 6 区块排距优选曲线

第三节 开发调整阶段地质建模

该开发阶段的核心问题是气田储量动用程度低，剩余储量分布特征复杂，需要明确是否存在井网加密空间和采取何种井型、井网进行加密。采取的技术对策为综合多资料信息，建立精细地质模型，预测剩余储量分布规律，为加密井优化部署提供依据。

对于苏里格气田这样的低渗透—致密辫状河相砂岩储层而言，常规的地质建模方法表现出较大的局限性：第一，采用"一步建模"方法（无相控的储层属性建模）或"两步建模"方法（岩相或沉积微相控制下的储层属性建模）（贾爱林和程立华，2010），先验的地质知识对模型约束不足；第二，测井、地震等资料结合的效果并不理想，尤其在储层埋深较大、地震资料品质不好的情况下，常规的波阻抗反演分辨率低，适用性差，无法满足开发需求（吴键和李凡华，2009；孙龙德等，2013）；第三，辫状河沉积相建模中，心滩在河道内只能按照固定比例、近同等规模发育，很难在模型中呈现出复杂的沉积相相变的情况，与沉积特征不符；第四，井间有效储层难以识别和预测，常规的建模方法无法表征有效砂体的高度分散性。

针对现有的地质建模方法的不足，结合致密砂岩气藏地质特征，提出了"多资料、多方法、多级约束"的建模方法（图 6-32），旨在不断提高地质模型的精度。"多级约束"指分期次在模型中加入约束条件（贾爱林，2010），不断降低资料的多解性，明确其地质含义。

一、砂岩概率体模型

1. 井震结合建立 GR 模型

苏里格气田受控于河流相沉积环境，垂向上砂泥岩互层频繁出现，通过对 AC、SP、GR、CNL、RT 等测井曲线分析（郭智等，2013），认为研究区 GR 曲线与岩相的对应关系最好，对岩相的变化最敏感。地震反射波也与地层岩性有一定的相关性，这正是传统的波阻抗反演的理论基础。通过神经网络模式识别技术（艾宁等，2013），输入 GR 曲线与地震成果数据，匹配训练对（图 6-33），形成学习样本集，建立一系列与实际测井 GR 相近的地震特征，以此为标准，测井约束地震反演 GR 场。

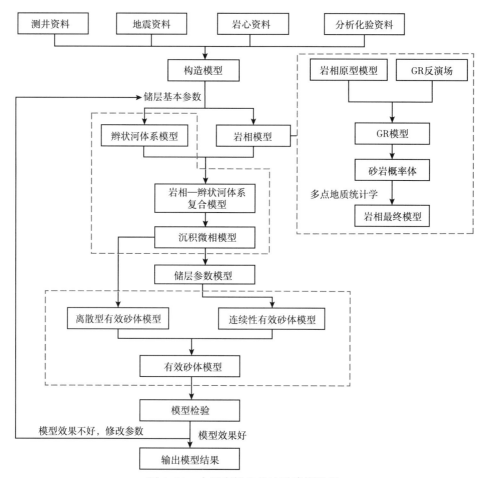

图 6-32　本研究提出的地质建模流程

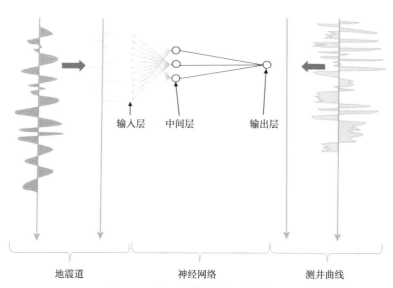

图 6-33　神经网络模式识别示意图

对比波阻抗反演和 GR 场反演效果（图 6-34），可看出砂岩、泥岩对应的波阻抗值接近，范围皆在 10000~12800[（g/cm³）·（m/s）]，故波阻抗在区内划分砂岩、泥岩效果较差。作为对比，反演 GR 场能较好地区分砂岩、泥岩，砂岩的反演 GR 值总体较低，泥岩的反演 GR 值相对较高，同时反演的 GR 场与测井 GR 值对应关系好，相关系数可达 0.76。

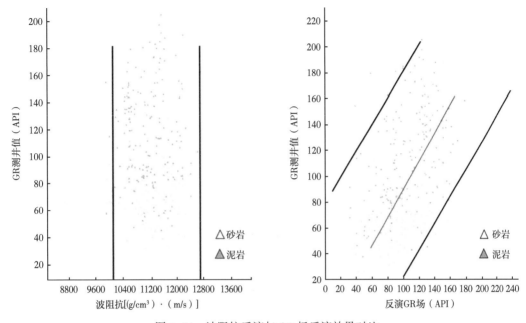

图 6-34 波阻抗反演与 GR 场反演效果对比

测井约束地震反演 GR 场将地震资料和测井资料有机地结合起来，保证了分析数据的质量和多源性，突破了传统意义上的地震分辨率，理论上可得到与测井资料相同的分辨率，既能表现出整体的可靠性，又刻画了局部细节。但反演的 GR 场存在一个很大的缺点，就是在井间缺少地质含义，具有多解性（贾爱林和程立华，2012）。多解性取决于模型中的约束条件与实际地质情况的差异大小。在较难提高地震分辨率的条件下，获得更准确的地质认识并将其加入地质模型中是减少多解性的关键。可通过先验地质知识去约束井间的反演 GR 场，从而降低地震资料的多解性。

建立 GR 模型的目的是综合井点的 GR 值和地震反演的 GR 场，将地质认识引入 GR 模型，降低井间地震资料的多解性，赋予井间反演 GR 场更明确的地质含义。分两步建立 GR 模型：首先，统计砂体规模，求取砂体变差函数；其次，结合井点处的测井 GR 值与井间地震反演的 GR 场，利用同位协同模拟算法，建立地质认识约束条件下的 GR 模型，其计算公式为：

$$Z(u) = \sum_{i=1}^{n} \lambda_i(u) Z(u_i) + \lambda_j(u) Y(u) \tag{6-1}$$

式中 $Z(u)$——随机变量估计值；

$Z(u_i)$——主变量（硬数据）的第 i 个采样点；

$Y(u)$——次级变量（地震数据）；

λ_i 和 λ_j——需要确定的协克里金加权系数。

由于 GR 模型较好地结合了测井、地震数据和地质认识，降低了井间储层预测的多解性，明确了地震反演场的地质意义，规避了井点与井间 GR 值异常突变等问题的出现，能更好地反映砂体规模和砂体展布方向（图 6-35）。砂体主变程、次变程、方位角等变差函数对 GR 模型中的变差函数起参考和约束作用。

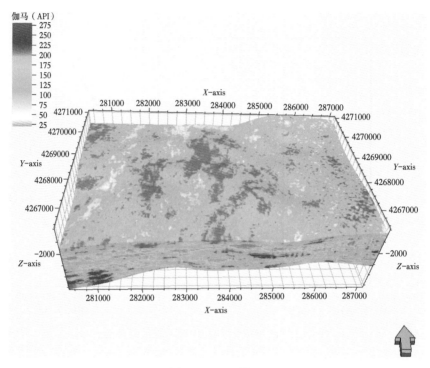

图 6-35　GR 模型

2. 基于统计关系生成砂岩概率体

砂岩的孔隙度与 GR 值的分布有一定的统计关系（图 6-36），总体上随着 GR 值的增加而降低（图 6-37），但并不意味着：GR 值小，就一定是砂岩；GR 值大，就一定是泥

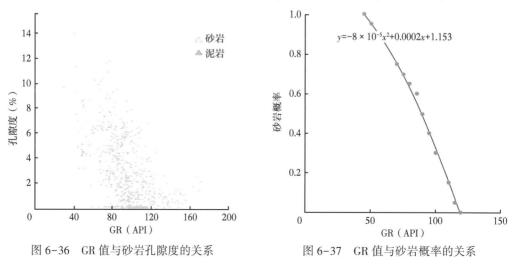

图 6-36　GR 值与砂岩孔隙度的关系　　　　图 6-37　GR 值与砂岩概率的关系

岩。回归了 GR 模型中的 GR 值与砂岩概率的函数关系：

$$P = -8 \times 10^{-5}V^2 + 2 \times 10^{-3}V + 1.5 \qquad (6-2)$$

式中　P——砂岩概率，无量纲；

　　　V——GR 值，API。

通过公式（6-2），将 GR 模型转化为砂岩概率体模型（图 6-38）。砂岩概率体模型中每一个网格对应着一个砂岩概率值，数值分布范围 0~1。砂岩概率体的意义是在建模软件根据 GR 值自动判识岩相时，可根据每个网格计算出的砂岩概率，随机生成可供挑选的多个岩相模型的实现，减少了给出唯一的 GR 阈值所带来的误差。

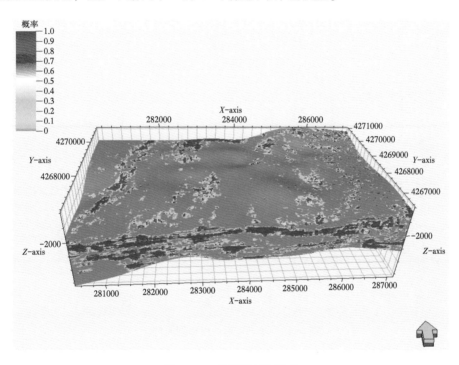

图 6-38　砂岩概率体模型

二、岩相模型

1. 常规相建模方法的不足

最常用的两种相建模方法为序贯指示模拟和基于目标的模拟（图 6-39 至图 6-42）。序贯指示模拟是一种基于象元的方法，通过变差函数研究空间上任两点地质变量的相关性，能较好地忠实于井点硬数据（图 6-39）；而基于目标的模拟在井较多的情况下，常出现无法忠实于井点数据的问题，如图 6-40 中的蓝色圈内岩相模拟结果与井点数据不符。变差函数的数学原理是满足二阶平稳或本征假设的前提条件，这就决定了序贯指示模拟不能模拟多变量的复杂空间结构和分布，平面上常造成河道错断，砂体呈团状、边缘呈锯齿状（图 6-41），不符合辫状河的沉积特征；基于目标的模拟以离散性的目标物体为模拟单元，能表现出河道的形态（图 6-42）。

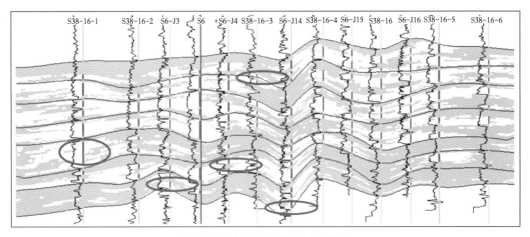

图 6-39 序贯指示模拟剖面特征

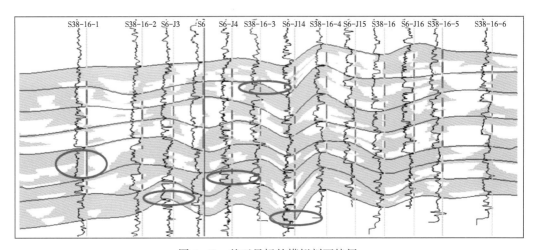

图 6-40 基于目标的模拟剖面特征

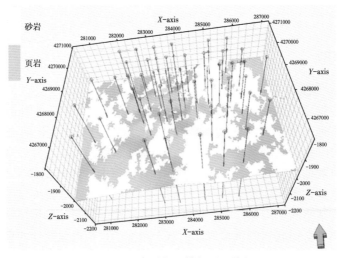

图 6-41 序贯指示模拟平面特征

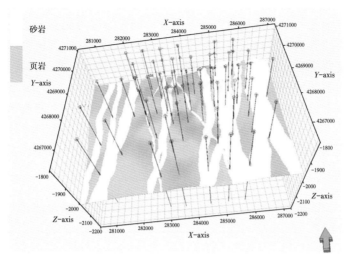

图 6-42　基于目标的模拟平面特征

2. 利用多点统计学建立岩相模型

鉴于传统的基于变差函数的随机模拟方法和基于目标的随机建模方法的不足，多点地质统计学应运而生，并迅速成为随机建模的前沿研究热点。多点地质统计学引进了一些新的概念，如数据事件，训练图像，搜索树等。该方法利用训练图像代替变差函数揭示地质变量的空间结构性（Deutsch 和 Wang，1996），克服了不能再现目标几何形态的缺点，同时采用了序贯算法，忠实于硬数据（Strebelle 和 Journel，2001），克服了基于目标的随机模拟算法的局限性。

多点地质统计学的理论于 2000 年左右提出，到 2010 年左右才应用到商业化建模软件中。研究中采用修改后的 Snesim 算法（Strebelle 和 Journel，2001），搜索一定距离的数据样板内所有的训练图像样式，建立"搜索树"，提取每个数据事件的条件概率，概率最大的图像样式即为该点的模拟结果。图 6-43（b）为模拟目标区内一个由未取样点及其邻近的 4 个井数据（u_2 和 u_4 为砂，u_1 和 u_3 为泥）组成的数据事件，当应用该数据事件对图 6-43（a）的训练图像进行扫描时，可得到 4 个重复，中心点为砂岩的重复 3 个，而中

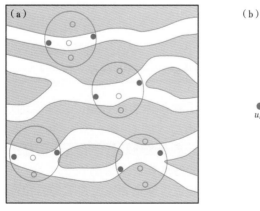

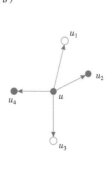

图 6-43　数据事件与训练图像示意图

心点为泥岩的重复 1 个；因此，该未取样点为砂岩的概率 3/4，为泥岩的概率 1/4。

多点地质统计学的关键基础是获得训练图像。训练图像为能够表述实际储层结构、几何形态及其分布模式等地质信息的数字化图像。大尺度的训练图像包含的地质信息多，模拟精度高，但更耗费机时（石书缘等，2012）。训练图像不必忠实于实际储层内的井信息，而只是反映一种先验的地质概念与统计特征（吴胜和，2010），其主要来源有露头、现代沉积原型模型、基于目标的非条件模拟、沉积模拟、地质人员勾绘的数字化草图。考虑到各个小层储层特征不同，本研究通过基于目标的非条件模拟，优化训练图像模拟尺度（表6-3），分地层单元分别建立 7 个开发小层的三维训练图像，盒 8 段砂体发育程度总体好于山 1 段（图6-44）。

表 6-3　岩相建模砂体规模参数表

砂层组	小层	砂体厚度（m）			砂体宽度（m）		
		最小	平均	最大	最小	平均	最大
盒 8 段上亚段	1	0.81	4.65	11.31	32	469	905
	2	1.27	4.42	13.51	51	566	1081
盒 8 段下亚段	1	1.82	4.99	15.62	73	661	1250
	2	1.69	4.53	13.9	68	590	1112
山 1 段	1	0.99	3.72	9.8	40	412	784
	2	1.29	4.21	10.98	52	465	878
	3	1.21	3.63	9.5	48	404	760

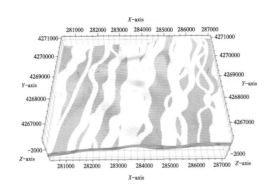 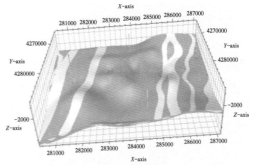

（a）盒8段下亚段1小层训练图像　　　　　（b）山1段2小层训练图像

图 6-44　分小层建立三维训练图像

以井点岩相数据为硬数据，以井间砂岩概率体为软数据，以建立的训练图像为基础，通过多点地质统计学的方法建立三维岩相模型（图6-45、图6-46）。得益于密井网区精细的地质解剖、较准确的砂岩概率体模型、多点地质统计学较先进的算法，建立的三维岩相模型在井点处忠实于硬数据，在井间能较好地表现出河道形态。

利用地震波形储层预测方法在平面上验证、修正和完善建立的岩相模型。地震波形系地震波振幅、频率、相位的综合变化，可在平面上较好地表现一定厚度的砂体的分布，在井间具有一定的预测性。

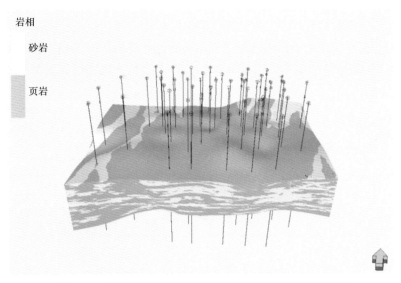

图 6-45　利用多点地质统计学建立的岩相模型（硬数据）

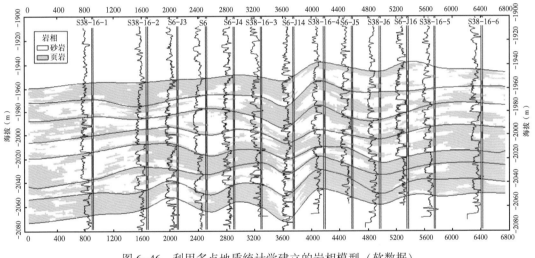

图 6-46　利用多点地质统计学建立的岩相模型（软数据）

三、相控下的储层参数及有效砂体模型

受水动力等控制，心滩等沉积微相在空间分布形态不同、规模不等，发育频率也有较大的差异，即沉积微相的分布具有较强的不均一性，而以往的地质建模方法往往没有很好地描述和刻画这一现象。利用分级相控的思想，建立岩相和辫状河体系带共同控制下的沉积微相模型，为储层属性建模提供较准确的地质控制条件和依据。

1. 建立辫状河体系带控制下的沉积微相模型

辫状河体系带对沉积微相和有效砂体具有较强的控制作用。从叠置带、过渡带等辫状河体系带入手，是研究沉积微相展布和有效砂体分布的有利途径和突破口，因此在建立沉积微相和有效砂体模型之前，首先建立辫状河体系带模型。在建立辫状河体系带模型时，因其划分标准涉及的参数有 8 个：砂体厚度和有效砂体厚度、砂地比和净毛比、顺物源和垂直物源方向的垂向叠置率、横向连通率，不易通过计算机自动辨识，故先手工勾绘叠置带、过渡带、辫状河体系间的沉积体系平面图，再通过数字化手段在三维空间再现辫状河体系带（图 6-47）。

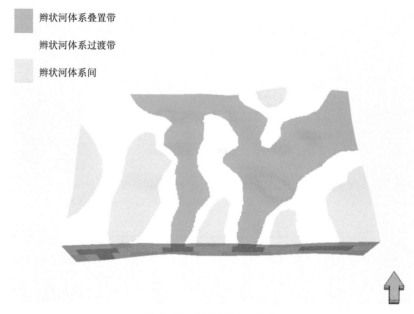

图 6-47　辫状河体系模型

传统的相控建模中的"相"指的是"岩相"或"沉积相"（陈凤喜等，2008；李少华等，2013），然而仅靠岩相或者沉积相都无法表征苏里格气田低渗透—致密砂岩储层的强非均质性。在建立可靠性较高的岩相模型的前提下，本研究首先尝试结合岩相与沉积相，通过岩相控制沉积微相建立相模型，分为两步：第一步，先将河道充填与心滩合并成河道相，作为模拟相，对应岩相模型中的砂岩，泛滥平原作为背景相，对应岩相模型中的泥岩；第二步，模拟心滩，只侵蚀第一步模拟产生的河道相，其他网格还保持第一步的实现结果。这样的做法导致的问题是：模型中的心滩会按照统计出的固定的比例、近同等规律大小发育在河道中，从而将河道相粗略地当成均质的整体，与已有的沉积相认识不符。

鉴于辫状河体系带对沉积微相较强的控制作用，考虑通过辫状河体系模型与岩相模型共同约束沉积微相模型。需要解决两个问题：第一，辫状河体系模型与岩相模型地层尺度不同，辫状河体系模型是沉积环境对应砂层组级别地层的综合反映，而三维岩相模型类似于等时地层切片的叠合。举例来说，辫状河体系的叠置带甚至不一定能准确对应岩相模型中的砂岩；第二，建立相模型时，建模软件最多只允许输入一个三维模型作为约束条件，因此需要将辫状河体系模型与岩相模型合并。具体做法是将同一位置的网格既属于砂岩、又位于叠置带的定为叠置带；同一网格既属于砂岩、又位于过渡带或辫状河体系间的定为过渡带；网格处属于泥岩的定为辫状河体系间（表 6-4），形成岩相—辫状河体系复合模型。根据不同辫状河体系带内心滩、河道充填等沉积微相分布频率和发育规模的统计特征，建立岩相—辫状河体系复合模型约束下的沉积微相模型（图 6-48）。

表 6-4 岩相、辫状河体系、复合模型对应关系

岩相	辫状河体系模型	岩相—辫状河体系复合模型
砂岩	叠置带	叠置带
	过渡带、体系间	过渡带
泥岩	叠置带、过渡带、体系间	体系间

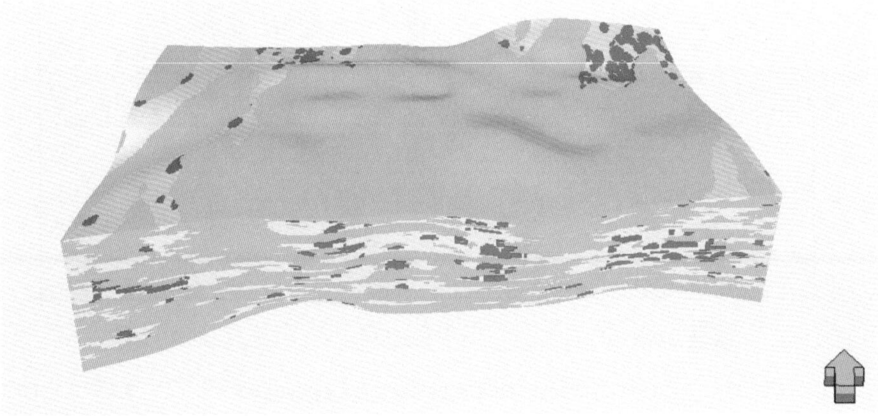

图 6-48 沉积微相模型

图 6-49 为两种方法建立的沉积微相模型的对比。受辫状河体系和岩相共同约束的沉积微相模型 [图 6-49（a）] 与沉积微相平面图的对应效果较好，心滩在局部区带分布集中、规模较大，而只受岩相控制的沉积微相模型 [图 6-49（b）] 心滩在河道内以均一的概率、几乎均等的规模分布，不可避免地淡化了沉积相在空间展布的固有的不均一性（Matheron 等，1987），效果不好。常规的不受岩相控制的沉积微相模型的效果更差，此处不再赘述。

2. 建立沉积微相约束下的储层参数模型

储层参数模型主要包括孔隙度、渗透率、含气饱和度等模型，模型的精确与否关系到有效砂体模型的可靠性和合理性（韩继超，2011）。沉积微相对储层参数有较强的控制作用，心滩中下部和河道底部岩相较粗，物性较好，孔隙度、渗透率相对较大，含气饱和度较高，是天然气聚集的主要场所。

利用序贯高斯的球状模型，建立沉积微相控制下的储层参数模型（图 6-50）。首先建立孔隙度模型，在建立渗透率模型、含气饱和度模型时，采用协同模拟，孔隙度作为第二变量，参与约束。序贯高斯模拟要求物性参数服从正态分布，因此建立储层参数模型之前，需要将物性参数进行统一的正态变换（渗透率变异性较强，首先进行对数变换，再进行正态变换），建立好模型后再进行反变换。

在建立好的储层三维地质模型内调节步长、间隔，可生成孔隙度、渗透率、饱和度的三维栅状图（图 6-51），便于研究储层参数在空间的分布和连续性。

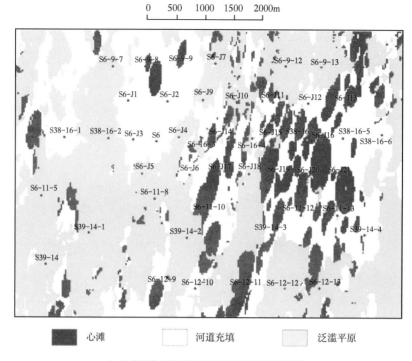

（a）受辫状河体系与岩相双重控制的微相模型

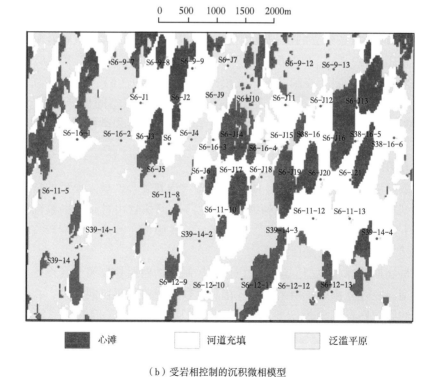

（b）受岩相控制的沉积微相模型

图6-49　两种方法建立的沉积微相模型对比

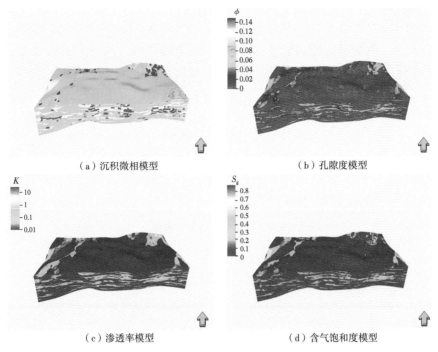

（a）沉积微相模型　　　　　　　　　　　（b）孔隙度模型

（c）渗透率模型　　　　　　　　　　　（d）含气饱和度模型

图 6-50　沉积微相及储层参数模型

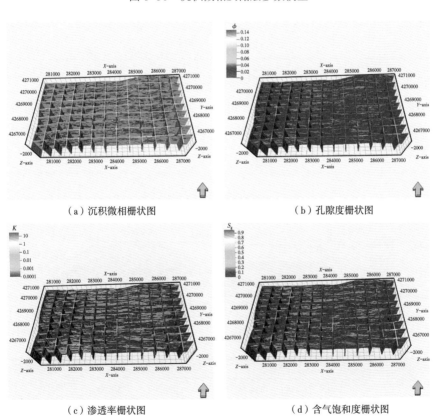

（a）沉积微相栅状图　　　　　　　　　　（b）孔隙度栅状图

（c）渗透率栅状图　　　　　　　　　　（d）含气饱和度栅状图

图 6-51　沉积微相及储层参数的三维栅状图

3. 结合离散和连续型方法建立有效砂体模型

有效砂体在空间分布遵从一定的地质规律、统计规律，同时也受到沉积微相、储层参数的影响和控制。有效砂体相对于非有效砂体储层参数较大，在沉积和成岩双重控制下，气田有效砂体与心滩等沉积微相对应关系较好，经统计，研究区有80%以上的有效砂体分布在心滩中。分别以两种方法建立有效砂体模型：一是离散型建模方法，以井点处测井或试井证实的有效砂体为硬数据，根据有效砂体在空间的分布规律及统计特征（表6-5），将有效砂体（气层、含气层）作为相属性进行模拟，非有效砂体作为背景相；二是连续型建模方法，以试井、试采数据为依据，给出有效砂体的储层参数下限值（孔隙度不小于5%，含气饱和度不小于45%），针对孔隙度、渗透率、饱和度的储层参数模型进行数据筛选，将满足要求的网格判断为有效砂体。

表6-5 有效砂体建模参数

小层	厚度（m）			宽度（m）			长度（m）		
	最小	平均	最大	最小	平均	最大	最小	平均	最大
$H8_1^1$	1.1	2.6	5.2	158	210	368	316	547	921
$H8_1^2$	1.1	3.0	7.2	177	236	413	354	614	1033
$H8_2^1$	0.9	2.8	6.7	170	227	398	341	591	994
$H8_2^2$	1.3	3.0	7.5	182	243	426	365	632	1064
S_1^1	0.8	2.4	4.3	142	190	332	284	493	830
S_1^2	0.9	2.5	5.2	151	201	351	301	522	879
S_1^3	0.7	2.2	4.1	130	173	302	259	449	756

对比两种方法建立的有效砂体模型，反复调试建模参数、修改两组模型，直至两者的符合率达到最高。选取在两种建模方法下同属于有效砂体的模型网格，建立最终的有效砂体模型，再通过叠合之前建立的岩相模型，在三维空间内再现苏里格气田低渗透—致密砂岩气藏"砂包砂"二元结构（图6-52）。经统计，模拟的有效砂体占砂体的比例为

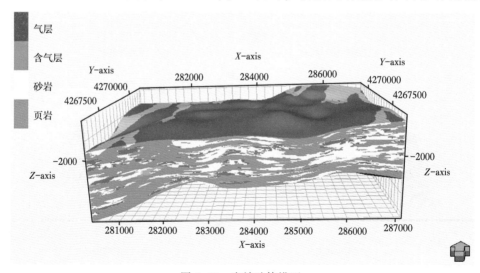

图6-52 有效砂体模型

28.42%，与地质特征吻合。通过软件的过滤功能，滤掉非有效的砂体和泥岩，在三维空间只显示有效砂体的分布（图6-53），可以看出苏里格气田有效砂体在空间高度分散，多层段叠合后形成一定规模的富集区。

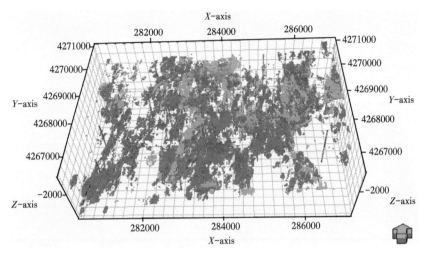

图6-53 有效砂体在空间上的分布

四、模型的检验

地下地质特征的认知程度、建模基础资料的应用效果、建模方法和算法选择的合理性在很大程度上决定了地质建模的精度和准确性。从地质认识验证、井网抽稀检验、储层参数对比、储量计算、动态验证等方面检验建模效果。若模型效果好、精度高，则输出模型；若模型效果不好，则反复调试建模参数，重新建立模型，直至达到理想效果。该建模方法已在苏里格气田的开发区块得到了应用，在砂体预测及含气检测等方面取得了不错的效果。

1. 地质认识验证

研究区盒8段下亚段的第2小层苏6井区、苏6-J16井区砂体厚度大，储层质量好。通过对比，认为建立的岩相模型与砂体等厚图相似度较高，模型符合地质认识。在井点处，岩相模型［图6-54（a）］与砂体等厚图［图6-54（b）］有较好的对应关系；在井间，三维岩相模型通过地震资料、砂体概率体和建模算法对砂体分布进行了合理的预测。

2. 井网抽稀检验

苏里格气田建模模拟区的井距为400m×600m，将建模井网逐级抽稀，被抽掉的井作为检验井，不参与模拟，用剩余的井资料重新建立模型，分析井间砂体的正判率，检验模型的可靠程度。井间砂体的正判率是对比模型中被抽掉井处的砂岩、泥岩分布与钻井实钻的砂岩、泥岩剖面的符合情况而得的。

图6-55中，灰色区域代表地质模型中模拟的泥岩，黄色区域代表模拟的砂岩，井位处红色段为钻井证实砂岩，红色井名说明该井被抽稀，建模时未用该井的资料，蓝色井名说明在模拟时用到了该井的资料。统计表明，随着井网井距的增大，井间砂体的正判率依次下降，抽稀到1600m×2400m时，多段砂岩出现判断错误，井间砂体正判率迅速下降，

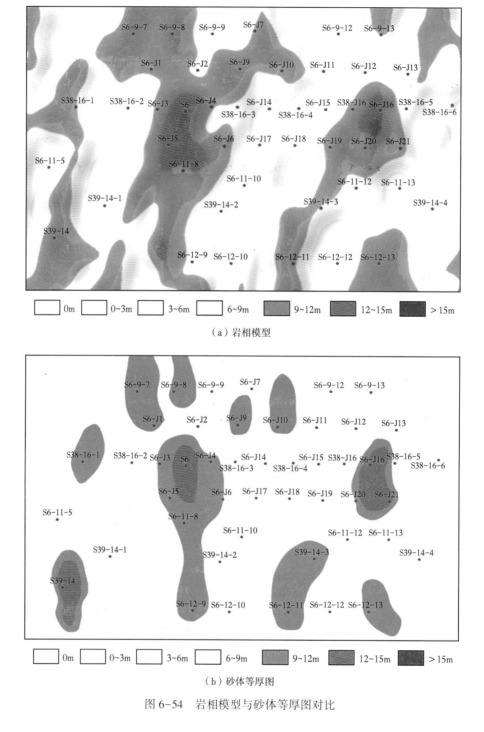

（a）岩相模型

（b）砂体等厚图

图 6-54　岩相模型与砂体等厚图对比

仅为 55.2%，对于砂岩、泥岩的判断已然意义不大。经统计，800m×1200m、1200m×1800m、1600m×2400m 井网下的井间砂体正判率分别为 85.7%、72.7%、55.2%。模型对厚层砂体的预测准确率要明显好于薄层砂体。

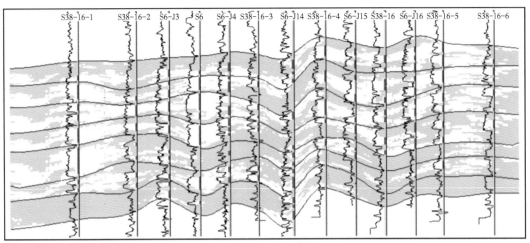

（a）800m×1200m井网

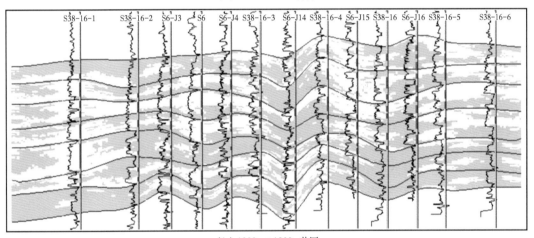

（b）1200m×1800m井网

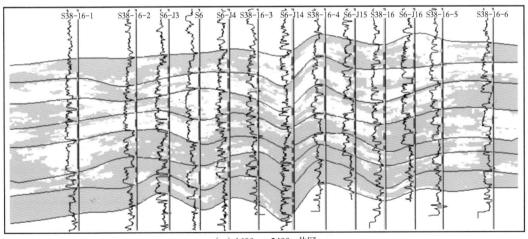

（c）1600m×2400m井网

图6-55　模型抽稀检验

一般情况下，模型的精度在70%以上，可认为模型是基本可靠的。经对比，认为本次岩相建模方法适用于1200m×1800m井网，而常规岩相建模方法仅适用于800m×1200m（图6-56），两者相比，本次建立的岩相模型精度得以较大幅度的提高。

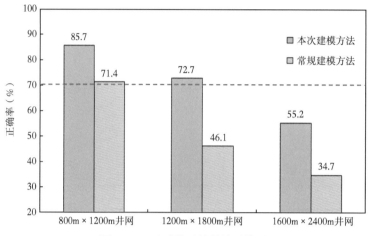

图6-56　地质模型抽稀检验结果

3. 储层参数对比

通过对比储层参数的模拟结果、离散化数据与测井解释数据，认为三者分布范围接近，在同一区间的分布比例相差较小。孔隙度、渗透率、饱和度模型的参数分布符合研究区地质特征，说明本次建立的相控下属性模型准确度高，可靠性强。

模拟的储层孔隙度一般分布在2%~12%范围内，主要分布在4%~8%之间（图6-57），渗透率分布范围为0.01~10mD，主要分布在0.01~1mD之间（图6-58），含气饱和度主要分布在20%~70%之间，在20%~40%、50%~60%区间内显双峰（图6-59）。

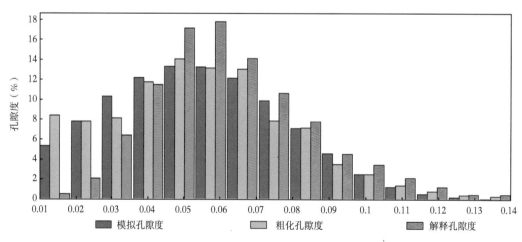

图6-57　孔隙度模拟与测井输入数据、离散化数据对比

4. 储量计算

储量的集中程度和规模大小是孔隙度、含气饱和度、净毛比等参数的综合表现（唐攀等，2013；宫壮壮和王宏彦，2013），储量计算的准确与否可作为储层参数和有效砂体的

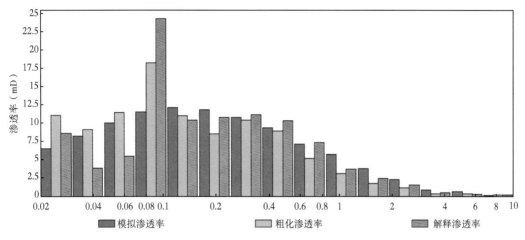

图 6-58　渗透率模拟测井与输入数据、离散化数据对比

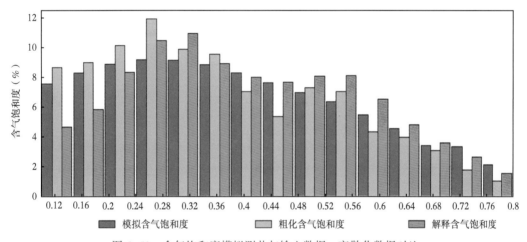

图 6-59　含气饱和度模拟测井与输入数据、离散化数据对比

检验标准。研究区密井网区是苏里格气田最有利的开发区块之一，探井资料表明储层丰度在（1.3~1.5）×10⁸m³/km² 之间。经式（6-3）计算，本次建立的地质模型储量为 44.53×10⁸m³（表 6-6），其中盒 8 段下亚段的第 2 小层储量最高，盒 8 段上亚段的第 2 小层其次，盒 8 段储量富集程度好于山 1 段，区内平均储量丰度为 1.362×10⁸m³/km²，建立的地质模型与地质认识吻合，同时经动态资料证实，说明建立的地质模型可信度高。

$$G = V \times N \times \phi \times S_g/B_g \qquad (6-3)$$

式中　G——地质储量；

　　　V——网格总体积；

　　　N——净毛比；

　　　ϕ——有效孔隙度；

　　　S_g——含气饱和度；

　　　B_g——气体体积压缩系数。

表 6-6 苏里格气田密井网建模区储量计算表

层位	网格体积 ($10^6 m^3$)	有效网格体积 ($10^6 m^3$)	有效孔隙体积 ($10^6 m^3$)	储量 ($10^8 m^3$)
$H8_1^1$	547	52	4	5.47
$H8_1^2$	498	86	7	9.86
$H8_2^1$	489	70	6	7.87
$H8_2^2$	500	92	8	10.34
S_1^1	493	30	2	3.56
S_1^2	454	40	3	4.38
S_1^3	513	28	2	3.05
总计	3494	398	31	44.53

5. 动态验证

通过数值模拟手段检验地质模型精度。将地质模型网格粗化为 100m×100m×3m，对产量、井口压力等进行历史拟合，对比模拟预测动态与生产实际动态之间的差异，将模型进行相应的调整并分析拟合效果。经统计，研究区拟合误差小于 5% 的井占总井数的 83.3%，说明地质模型的精度较高、可靠性较强。

五、400m×600m 井网加密论证

1. 基于地质模型预测剩余储量分布

基于建立的地质模型，预测剩余储量分布情况。剩余储量模拟表明，井网条件下储量采出程度较低，剩余储量规模较大，开发井网还有进一步调整的空间（图 6-60、图 6-

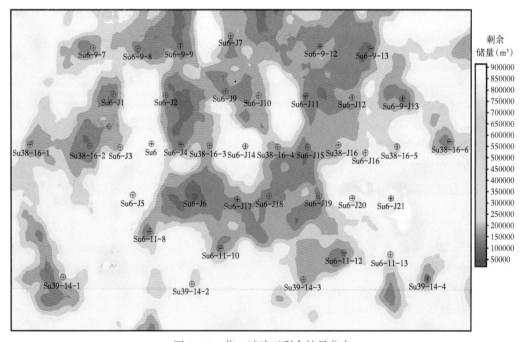

图 6-60 苏 6 试验区剩余储量分布

61）截至 2020 年 6 月，苏 6 试验区采出量为 $10.07×10^8 \mathrm{m}^3$，采出程度为 31.39%。

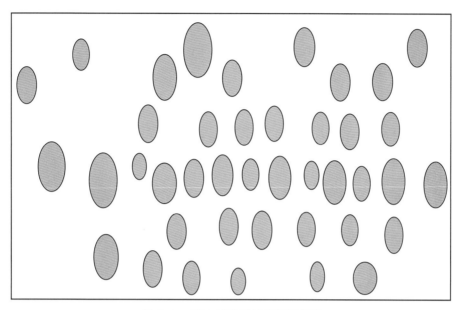

图 6-61 苏 6 试验区气井泄流范围

平面上，无论是从合层还是单层来看，原始储量丰度大且井网不完善的区域，剩余储量规模相对较大（图 6-62 至图 6-65）。剖面上井间及未射孔气层仍存在较多的剩余储量（图 6-66 至图 6-69）。

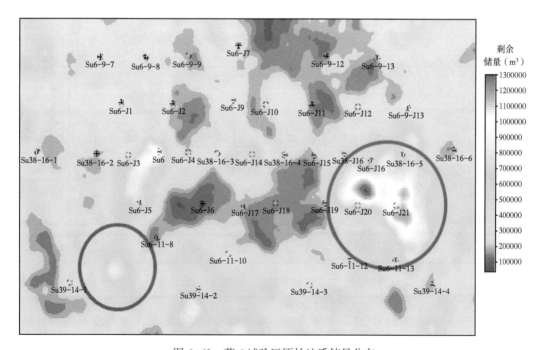

图 6-62 苏 6 试验区原始地质储量分布

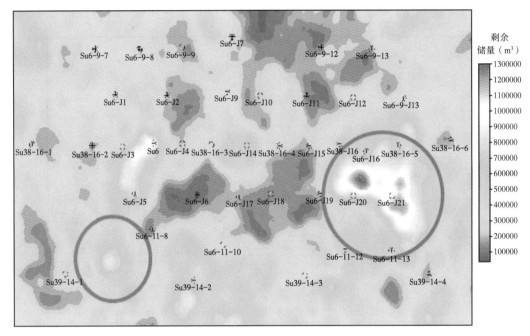

图 6-63　苏 6 试验区剩余地质储量分布

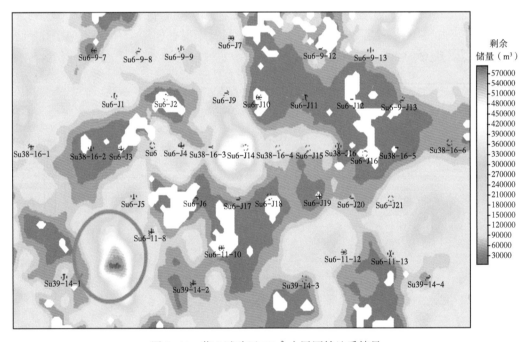

图 6-64　苏 6 试验区 $H8_2^2$ 小层原始地质储量

　　应用地质、地球物理、气藏工程等方法，对区块、井间、层位逐级开展剩余储量精细解剖与分析，同时结合采气工艺技术，可将已开发区剩余储量归纳为 4 种类型：井网未控制型、水平井漏失型、复合砂体内阻流带型、射孔不完善型（图 6-70）。其中，井网未控制孤立储层中仍存在大量剩余气，是剩余气挖潜的主体。

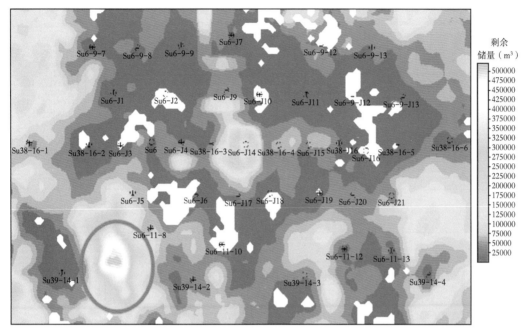

图 6-65　苏 6 试验区 H8$_2^2$ 小层剩余地质储量

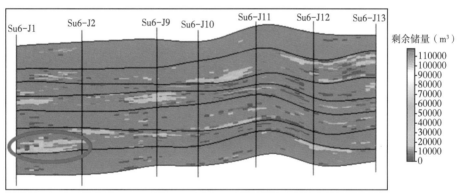

图 6-66　苏 6 试验区 H8$_2^2$ 小层剩余地质储量

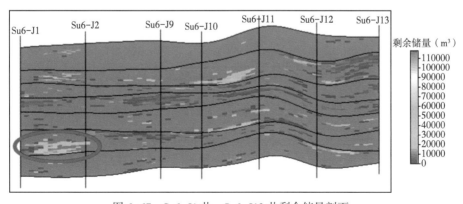

图 6-67　Su6-J1 井—Su6-J13 井剩余储量剖面

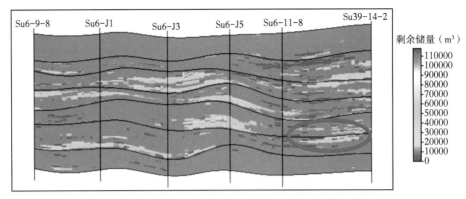

图 6-68　Su6-9-8 井—Su39-14-2 井原始地质储量剖面

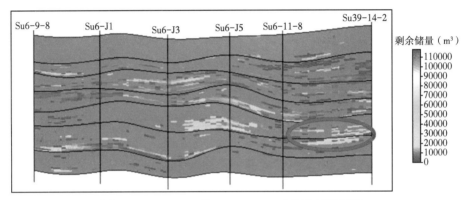

图 6-69　Su6-9-8 井—Su39-14-2 井剩余储量剖面

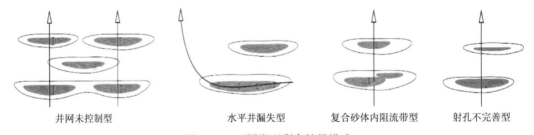

井网未控制型　　　　水平井漏失型　　　复合砂体内阻流带型　　　射孔不完善型

图 6-70　不同类型剩余储量模式

2. 井网加密优化

利用苏 6 区地质模型,模拟不同井网密度与储量丰度、气井产量干扰率等多因素相互关系(图 6-71),表明气田可在 600m×800m 井网下进一步加密到 400m×600m。

产量干扰率均随井网密度的加大而增大,井网密度在 2.5~4.5 口/km² 范围时,产量干扰率增速较快,反映出大部分气井的泄气范围是在 0.22~0.4km² 内,验证了先前的地质认识;当井网密度到达 4.5 口/km² 以后,产量干扰率增幅变慢。不同储量丰度条件下的区别仅仅是产量干扰率增速突变产生的拐点位置不同(图 6-72)。一般情况下,区块平均储量丰度越大,储层发育个数和累计厚度越大,井间连续性越强,越容易产生干扰,越早出现拐点。苏里格气田富集区平均储量丰度为 $1.5×10^8 m^3/km^2$,即苏里格气田具备加密到 4~5 口/km² 的潜力。

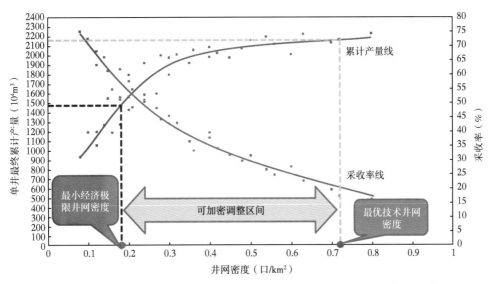

图 6-71 井网密度、单井产量与采收率关系图（储量丰度 $1.38 \times 10^8 m^3/km^2$）

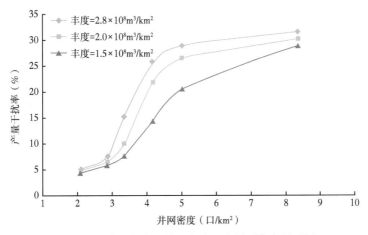

图 6-72 储量丰度、井网密度和产量干扰率关系图

设计对角线中心加密、排距加密、井距加密、对角线加密水平井等不同井网加密方式（图 6-73），进行数值模拟表明：对角线中心直井加密方式的单井产量均高于经济极限产量（表 6-7），收益率达到 11%，因此该方式为最优加密方式。

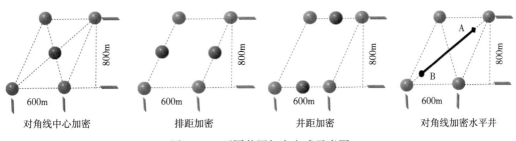

图 6-73 不同井网加密方式示意图

表 6-7 600m×800m 基础井网不同加密方式开发指标

加密方式	井网密度 (口/km²)	井数 (口)		平均单井累计产气量 (10⁸m³)			生产期末 累计产气量 (10⁸m³)	采收率 (%)	收益率 (%)
		基础井	加密井	基础井	加密井	所有井			
基础井网 600m×800m	0.48	41		2233			9.16	35.2	12.03
排距加密	0.24	41	35	1744	1275	1528	11.61	44.6	9.99
对角线中心加密	0.24	41	35	1812	1506	1774	12.71	48.8	10.83
水平井加密	0.24	41	30	1287	2862	1952	13.90	53.4	6.85

第七章 低渗透—致密砂岩气藏
直井井网优化技术

储层改造工艺技术的进步实现了低渗透—致密气由资源向可采储量的转变,多井低产、井间接替是低渗透—致密砂岩气藏开发的主要特点,因此密井网开发是该类气藏规模建产的主要途径,井网优化设计应运而生。低渗透—致密砂岩气藏储层渗透率低、单井泄流范围小、井间连通性差,因此设计合理的井型、井网密度是有效提升气田开发效果的关键途径。低渗透—致密砂岩气藏井型、井网的部署,一方面取决于有效储层的发育特点,包括气层厚度、气层规模、连续性和连通关系等,另一方面更重要的是受开发经济效益的直接影响,由于该类气藏单井产能低,是否能够达到预期的开发收益是决定井网设计的核心指标。因此,低渗透—致密砂岩气藏井网优化设计必须充分结合储层条件和开发经济效益进行系统的分析、论证。

第一节 井网优化的意义

低渗透—致密砂岩气藏的典型特点是气井产量较低,需要通过储层改造才能获得工业气流,鉴于此,除了不断改进钻井和改造工艺水平提高单井产量外,通过加密井网开发提高低渗透—致密砂岩气藏储量动用程度也是该类气藏有效开发的必要手段。

对于任何一个低渗透—致密砂岩气藏,对其地质特征和开发特征的认识都是循序渐进的过程,尽管所有的油气藏都要经历这样的认识过程,但是相比于常规构造气藏而言,低渗透—致密砂岩气藏的评价、认识过程还是有其特殊之处的。常规气藏储层物性好,气藏内部具有较好的连通性,气水分异明显,气藏为一个整体,井间容易发生干扰,开展地质研究和气井开发指标评价时要结合气藏整体特征进行分析,特别是进行气藏储层地质建模和数值模拟分析时,需要建立覆盖面积较大、甚至是覆盖整个气藏的地质模型,以此为基础开展的开发指标模拟预测才具有合理性。这类气藏开发井网部署通常是一次成型,井距较大,少井高产。低渗透—致密砂岩气藏则不同,除了部分物性偏好的低渗透储层,大部分储层物性差、渗流能力弱,即使在进行了储层改造后,气井的泄流范围仍然有限,井间通常是不连通的,不同井之间生产特征具有一定差异,呈现"一井一气藏"的特点。因此,对低渗透—致密砂岩气藏的地质研究和气井指标评价通常不是从气藏的整体特征为出发点,不需要进行气藏整体地质建模和数值模拟预测,以单井点或局部小区块的气井开发指标模拟预测就能够满足要求。对全区气藏特征的研究,重点是分析气层发育的差异性,决定大面积井网部署后不同类型的气井在全区分布的比例,这是决定该类气藏开发能力的关键。低渗透—致密砂岩气藏开发过程中以滚动部署为主,不同认识和社会经济条件下,井网会进行不同程度的调整,因此,对于该类气藏井网优化部署是贯穿气藏开发过程的非常重要的研究工作。

通常情况下，钻井工艺技术在短时期内是难以形成革命性的变革的，因此如果把钻井工艺技术改进在一定时期内作为一个基本不变的条件，那么不同时期对井网井型优化的意义主要表现在两个方面：一方面是针对气藏结构特点，优化出能够充分动用气层、最大限度提高储量动用程度的井型井网，实现气藏规模效益开发；另一方面，为了进一步提高气田采收率，进行井网优化调整，进行局部井网加密或整体加密，或是在气价上涨及其他战略因素影响下，为了获得更大的产量，进行井网加密调整。从开发阶段上来讲，在开发早期评价阶段，基于对气层规模尺度、连续性和连通性的认识，需要进行合理的开发井型、井距和布井方式的优化，这也是开发方案编制的核心内容。随着开发的深入，对气藏发育特点的认识也不断深化，特别是对于低渗透—致密砂岩气藏，含气面积比较大，大范围内气层的发育特点是在不断的滚动开发过程中逐渐得到深化的，因此需要进一步优化井型井网，以提升气田开发效果。

低渗透—致密砂岩气藏井网优化过程也是对气藏开发特征不断深化认识的过程，与气藏地质研究和动态评价是一个整体，可以用到的基础资料包括野外露头资料、地震资料、测井资料、岩心资料、试井资料（产能试井、井间干扰试井）、试采资料和生产历史数据等。大部分资料都是气藏研究过程中的通用资料，只有部分监测资料具有一定的针对性，例如微地震监测和井间干扰测试资料，可以直接判断井间的连通情况，应用于对井距的设计指导。

第二节　井网优化方法

一、井距和排距优化

井距和排距优化的目的是使开发井网在不产生井间干扰情况下，达到对储量的最大控制程度和动用，或者在经济效益指标允许的范围内进行井网加密以提高气田采收率。优化井距和排距，确定合理的井网密度。低渗透—致密砂岩气藏井距、排距优化需要综合考虑储层分布特征、渗流特征和压裂完井工艺条件三方面的因素。若井距、排距过大，井间就会有部分含气砂体不能被钻遇或在储层改造过程中不能被人工裂缝沟通，造成开发井网对储量控制程度不足，采收率低；若井距、排距过小，就会出现相邻两口井钻遇同一砂体或人工裂缝系统重叠的现象，从而产生井间干扰，致使单井最终累计产量下降，经济效益降低。

低渗透—致密砂岩气藏合理开发井距、排距优化的技术流程可归纳为五个步骤（何东博等，2012）：（1）根据砂体的规模尺度、几何形态、展布方位和空间分布频率，进行井网的初步设计；（2）开展试井评价，并考虑压裂缝半长、方位，拟合井控动态储量和泄压范围，修正井网的地质设计；（3）开展干扰试井开发试验，进行井距、排距验证；（4）设计多种井网组合，通过数值模拟预测不同井网的开发指标；（5）结合经济评价，论证经济极限井网，确立当前经济技术条件下的井网。

1. 地质模型评价法

低渗透—致密砂岩气藏储层分布宏观上多具有多层叠置、大面积复合连片的特征，但储集体内部存在沉积作用形成的岩性界面或成岩作用形成的物性界面，导致单个储渗单元规模较小，数量众多的储渗单元在气田范围内集群式分布。要实现井网对众多储渗单元（或有效含气砂体）的有效控制，需要根据储渗单元的宽度确定井距，据其长度确定排距。所以，利用地质模型进行井距优化的关键是确定有效含气砂体的规模尺度、几何形态和空间分布频率。

建立面向井网井距优化的地质模型，首先要在沉积、成岩和含气特征研究基础上确定有效含气砂体的成因；然后确定有效含气砂体的分布规模和几何形态，确定方法主要有三种：

（1）地质统计法。利用岩心资料和测井解释结果确定有效砂体厚度的分布区间，再根据定量地质学中同种沉积类型砂体的宽厚比和长宽比来估计有效砂体的大小。

（2）露头类比法。选取气田周边同一套地层的沉积露头，开展露头砂体二维或三维测量描述，建立露头研究成果与气田地下砂体的对应转化关系，预测气田有效砂体的规模尺度。如南 Piceance 盆地的 Williams Fork 组发育透镜状致密砂体，应用露头资料建立了曲流河点沙坝单砂体的分布模型［图 7-1（a）］，为井网井距优化提供了依据。

（3）密井网先导性试验法。开辟气田密井网试验区，综合应用地质、地球物理和动态测试资料，开展井间储层精细对比，研究一定井距条件下砂体的连通关系，评价砂体规模的大小。苏里格气田通过密井网先导性试验［图 7-1（b）］，验证了在 $400\sim600\mathrm{m}$ 井距条件下大部分井间砂体是不连通的。

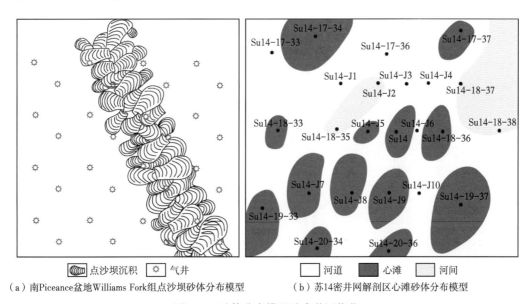

点沙坝沉积　　气井

河道　　心滩　　河间

（a）南Piceance盆地Williams Fork组点沙坝砂体分布模型　　（b）苏14密井网解剖区心滩砂体分布模型

图 7-1　砂体分布模型约束井网优化

2. 泄气半径评价法

泄气半径评价是基于试井理论，利用动态资料评价气井的控制储量和动用范围，进而优化井距。考虑压裂裂缝半长、表皮系数、渗流边界等参数建立解析模型，利用单井的生产动态历史数据（产量和流压）和储层基本地质参数进行拟合，使模型计算结果与气井实际生产史和动态储量一致，进而确定气井的泄气半径，进行合理井距评价。致密气气井通常为压裂后投产，考虑裂缝的评价方法主要有 Blasingame、AG Rate vs Time、NPI、Transient 此四种典型无量纲产量曲线分析图版和同时考虑压力变化的裂缝解析模型。四种典型无量纲产量曲线分析图版是根据气井的产量数据拟合已建立的不同泄气半径与裂缝半长比值下的无量纲产量、无量纲产量积分、无量纲产量导数与无量纲时间的典型关系曲线，进而确定裂缝半长和泄气半径（图7-2）。裂缝解析模型是在产量一定的情况下，拟合井底流压，从而确定裂缝半长和泄气半径（图7-3）。

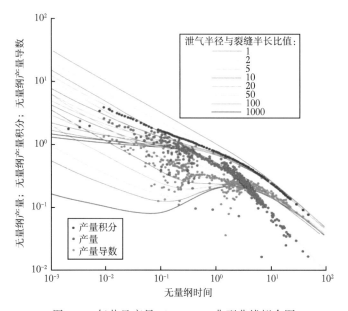

图 7-2　气井日产量 Blasingame 典型曲线拟合图

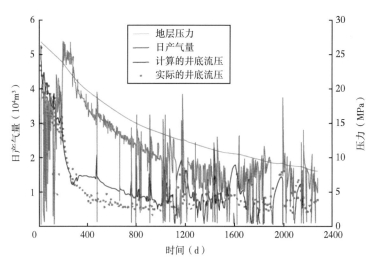

图 7-3　苏里格气田某气井生产动态裂缝模型典型曲线拟合图

　　低渗透—致密砂岩气藏本身储层渗透性差、非均质性强，气体渗流速度慢，达到边界流动状态的时间可长达数年。在气井投产后的较长时间内，气井周围的泄压范围是一个随时间不断扩大的动态变化过程，所以利用生产初期动态资料评价的气井泄气半径和动态储量可能比实际情况要小。另外，低渗透—致密砂岩气藏的开采方式为压裂后投产，人工裂缝可以突破有效砂体的地质边界，扩大气井的泄压范围。在实际应用中，以泄气半径评价方法（动态评价方法）获得的泄气半径要与地质模型评价法得到的泄气半径结果相互验证，以得到相对客观的认识。

3. 干扰试井评价法

干扰试井是指试井时，通过改变激动井的工作制度（如从开井生产变为关井，从关井变为开井生产，或者改变激动井的产量等），使周围反映井的井底压力发生变化，利用高精度和高灵敏度压力计记录反映井中的压力变化，确定地层的连通情况，进而明确井间含气砂体的范围。为避免井间干扰，合理井距要大于含气砂体的尺寸，所以通过干扰试井，可以得到井距的最小极限值，也可以用加密井压力资料评价井间连通情况。将测量的加密井原始地层压力，与其相邻已经投产井的早期原始地层压力相比较，若没有明显降低，说明邻井的生产对加密井没有影响，井间不连通；若加密井已经泄压，说明井间是连通的。

4. 数值模拟评价法

数值模拟法主要是在三维地质模型的基础上，设计不同井距、排距的井网组合，采用数值模拟手段方法模拟单井的生产动态，预测生产指标，研究井距与单井最终累计产量之间的关系。

图 7-4 为井网密度—单井最终累计采气量—采收率关系曲线。当井距较大时，一个储渗单元内仅有一口生产井在生产，则不会产生井间干扰，单井最终累计产量不会随着井距而发生变化；当井距缩小到一定程度时，就会出现一个储渗单元内有两口或多口井同时生产的现象，这时就会产生井间干扰，单井最终累计产量也会开始随着井距的减小而降低；随着井网的进一步加密，大量井会产生井间干扰，单井最终累计产量会急剧下降。

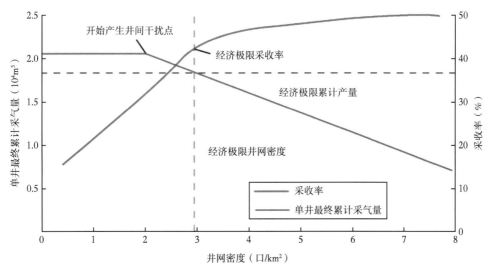

图 7-4　井网密度—单井最终累计采气量—采收率关系曲线（据 SPE 108183，有修改）

单井最终累计产量明显降低的拐点位置对应的井网密度可确定为合理井网密度。同时利用数值模拟还可以预测不同井距条件下的采收率（采出程度）指标，随着井网的不断加密，采出程度不断提高。

5. 经济效益评价法

为实现在经济条件下达到气田的最大采出程度，需要对气田开展经济效益评价研究。

首先根据钻完井和地面建设投资来求取单井经济极限采气量。根据数值模拟结果得到的井网密度与单井最终累计采气量关系曲线（图7-4），与经济极限累计产量相对应的井网密度即为经济极限井网密度，与经济极限井网密度相对应的采收率即为经济极限采收率。一般情况下，通过使井网加密到不产生井间干扰的最大密度来实现经济效益的最大化。在经济条件允许的情况下，井网可以加密到产生井间干扰，以牺牲一定程度的单井累计采气量来获得更高的采出程度。

二、布井方式优化

认清含气砂体分布规律，优化井网，是提高储量动用程度和采收率的重要技术措施。井网优化设计需要将储层分布特征与改造工艺措施相结合，确定合理的井距、井控面积和井网几何形态。

1. 井距和单井控制面积评价

砂体规模尺度、压降泄气范围和干扰试井是确定井距和井控面积的主要依据。苏里格气田心滩砂体的定量描述研究认为：心滩多为孤立状分布，宽度主要为200~400m，长度主要为600~800m；在一个小层内，心滩砂体约占总面积的10%~40%，将9个小层的心滩砂体投影叠置到一个层，心滩砂体可占总面积的95%以上。也就是说，心滩砂体不均匀地分散分布在垂向上的9个小层中，单个小层中心滩是孤立分布的，从9个小层的叠加效果来看，心滩则几乎覆盖了整个气藏面积。要实现井网对心滩的最大控制程度，又不至于两口井钻遇同一心滩，井距可确定为心滩宽度的众数，即500m，排距可确定为心滩长度的众数，即700m。根据试井原理，采用生产动态数据典型曲线拟合方法，直井的泄气范围拟合为椭圆形，人工裂缝半长40~130m，确定单井有效控制面积为0.2~0.4km²，平均0.3km²。通过干扰试井开发试验验证，部分井距400m的井间存在干扰现象，所以合理井距应大于400m。

2. 井网几何形态

在确定了合理的井距、排距后，井网节点的组合方式或称井网几何形态，要根据气井有效控制面积的几何形态来确定。从心滩砂体的几何形态来考虑，河道主要呈南北向展布，则心滩呈不规则椭圆形近南北向展布，应采用菱形井网提高对心滩的控制程度。井网几何形态的确定还应考虑人工裂缝的展布方向。壳牌公司在Pinedale致密砂岩气田的井网设计时，沿裂缝走向拉大井距、垂直裂缝走向缩小井距，形成菱形井网。如苏里格气田最大主应力方向为近东西向，主裂缝为东西向延伸，与砂体走向不一致，井网设计主要考虑砂体的方向性；基础开发井网可确定为菱形井网，东西向井距500m左右，南北向排距700m左右。

3. 丛式井组优化

从环保和经济角度为降低井场占地面积，采用直井与定向井组合的丛式井开发。一般一个井场部署5~7口井，井底形成开发井网。为降低储层非均质性带来的风险，采用面积井网的概念，根据井组的辖井数和井控面积确定井组控制面积，利用先期井进一步优化后期井位，形成不规则井网。道达尔公司在苏里格南区的丛式井组滚动部井方式可供借鉴（图7-5）。最小井距按700m左右考虑，一个丛式井组控制面积约9km²的正方形区域、钻井9~18口。首批钻井距约1000m的3口井，根据实施效果钻第二批的6口井，然后利用新获取的资料在9口井间最多可钻9口加密井，对角线形成700m左右的井距。

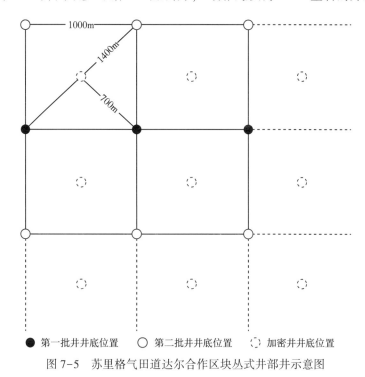

● 第一批井井底位置　○ 第二批井井底位置　◌ 加密井井底位置

图 7-5　苏里格气田道达尔合作区块丛式井部井示意图

第三节　不同开发阶段井网优化

一、国内气藏井网优化特点

致密气藏具有井控储量小、单井产量低、产量递减快的开发特点，密井网开发、多井低产、井间接替是致密气藏规模建产的主要途径，因此井网优化设计也成为致密气藏提升开发效果的关键技术。美国是致密气开发较早的国家，致密气开发理念和开发技术一直保持领先地位，在井网设计方面，形成了直井密井网开发和水平井规模部署的技术体系，经历了多轮次的井网加密调整后，美国部分气田的井网密度可以达到 10 口/km² 以上（Kuuskraa，2004）。与美国气层厚度大、分布稳定、连续性好的气藏条件相比，中国致密气主要以透镜状有效砂体多层叠合发育为主，气层规模小、分布零散、非均质性强，对井网、井距的设计要求更高。苏里格气田是中国致密砂岩气藏规模开发的典型代表，充分体现了中国致密气透镜状有效砂体成藏的特点（付金华等，2019；杨华等，2012）。

国内外致密气形成条件、发育特点有一定差异，对井网优化的要求也存在不同（童晓光等，2012）。通常，按照致密气有效储层的发育特点，可以划分为块状致密砂岩气藏、多层状致密砂岩气藏和透镜体状致密砂岩气藏（马新华等，2012）。国外以海相沉积环境为主，多发育连续性好、有效厚度大、储量丰度高的块状或多层状致密砂岩气藏，气层分布稳定，单井控制储量和产量较高，通常采取规则井网部署，井网、井距确定的关键指标主要是依据单井控制范围和经济效益，通常采取动态评价手段，以动态储量预测为核心，在尽量避免井间干扰的条件下确定最大井网密度，实现开发效益最大化，如果受气价上涨等因素导致加密井能够有效益的条件下，再进一步实施井网加密部署。国内砂岩以陆相沉积环境为主，主要发育河流—三角洲沉积体系，河道迁移摆动频繁、分布不稳定，形成的有效砂体多为透镜状，主要是砂岩内发育的相对粗粒砂岩形成气层，具有"砂包砂"的二元结构，规模小，连续性差，空间分布变化快，呈现多层叠合连片发育的特点，预测难度大。另外，由于储量丰度低、单井泄流范围小、气井产量低，进一步增加了井型、井网优化设计的难度。需要从单井控制范围、有效砂体连通性、井间干扰规律和开发效益等多方面因素综合考虑优化井型、井网。

以苏里格为代表的透镜状多层叠合致密砂岩气藏，有效砂体分布规律复杂，需要不断深化地质认识和开发指标分析，因此井网优化设计也具有阶段性。结合气田开发阶段划分和产能建设对井网的需求，井网优化设计划分为三个阶段，即早期评价阶段、规模建产阶段和提高采收率阶段，分别对应开发初期、开发中期和开发后期，代表了从初期井网探索、基础井网推广和加密井网提高采收率三种各具阶段特色的井网优化设计方法。

二、早期评价阶段井网优化设计方法

开发早期以探井和评价井为主，井距大，多在 2~3km 以上，对有效砂体的认识以单井解剖为主，难以确定其延展范围及空间分布规律，尤其是对于苏里格这种多层透镜状有效砂体结构特点，各井有效砂体发育情况各异，试气产量差别大，更难预测有效砂体的分布规律，给初期井网部署带来困难。为了解决这一问题，从深化地质认识、加强动态评价和指标模拟预测等方面入手，形成了以加密井排解剖、试井动态评价和概念模型指标预测为核心的早期井网优化设计方法。

1. 加密井排有效砂体解剖

综合野外露头、单井取心和地震测井等多资料信息，确定苏里格气田发育大面积煤沼背景下的辫状河沉积体系，有效砂体主要受心滩微相控制，呈现规模小、分布广的特点（何东博，2005；何顺利等，2005）。但在仅有探井和评价井的条件下，井距在 2~3km 以上，各井差异较大，不能揭示气层的开发特征，对有效砂体的结构模式和展布规律认识不足，制约了井网设计。因此，为了刻画有效砂体特征，优先部署了几乎均匀的加密解剖井，不以建产为目的，重点是描述有效砂体的结构特征、规模尺度和连续性连通性。2003 年，苏里格部署实施了两排 12 口加密井，苏 38-16 井排井距 800m，苏 39-14 井排井距 1600m。有效砂体井间对比分析表明，加密井排共钻遇含气砂体 28 个，其中宽度大于 1600m 的 1 个（占 3.6%），800~1600m 的 6 个（占 21.4%），小于 800m 的 21 个（占 75%），说明有效砂体延展范围多数小于 800m，基本明确了有效砂体的规模尺度。

同时，建立了三种有效砂体叠置模式（图 7-6）：（1）孤立状有效砂体，厚度 2~5m，横向分布局限，宽度 300~500m；（2）侧向切割相连有效砂体，主要是心滩与河道下部粗岩相连接，主砂体宽度仍为 300~500m，薄层粗岩相延伸较远，整体延展范围 600~800m；（3）垂向叠置有效砂体，为多期心滩叠置发育，切割相连，局部可连片分布，主体宽度 600~800m，延展规模大者可达 1km 以上。

加密井排剖面对比统计分析基本确定了苏里格气田有效砂体规模、结构特征和分布规律，初步确定井距约 600~800m、排距约 800~1200m，奠定了气田开发初期井网部署的原则和对策。

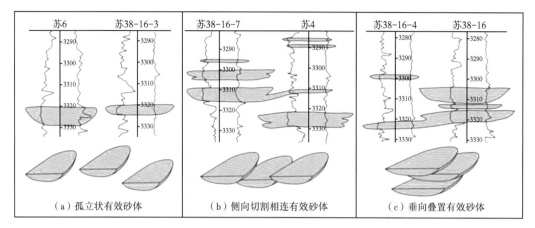

图 7-6 有效砂体叠置模式示意图

2. 试井动态控制范围评价

开发评价初期，气井生产时间通常较短，动态数据不足，控制范围评价主要依据不稳定试井分析。不稳定试井基于严格的渗流理论，是探测气井泄压边界、判断几何形态科学有效的方法（刘能强，2008；聂仁仕等，2012），通过优选储层模型、井筒及工程参数模型、控制边界模型对气井测试压力数据开展压力、压力导数双对数曲线、半对数曲线综合分析与拟合，区分和识别气藏类型及包括井筒储集、近井人工裂缝、远井基质、边界控制在内的不同流动阶段，进而获得反映各流动阶段的特征参数值。对苏里格气田早期投产的12 口气井进行不稳定试井分析解释，动态上反映气井钻遇的有效砂体主要具有单条、平行不渗透及条带型三种边界特征，边界距离范围为 96~658m，平均 316m，反映砂体连通范围有限，砂体宽度为 200~1200m，平均 600m 左右。

3. 概念模型开发井网模拟

开发初期以建立概念模型和单井模型为主。有效砂体规模小、埋藏深，地震预测难度大，地质建模主要依据钻井信息，以地质认识为基础，利用单井资料，建立反映气层发育频率、规模尺度和分布结构的储层概念模型和单井模型，用于模拟开发井网部署和开发指标。

心滩砂体厚度 1~5m，宽度 150~500m，长度 350~1200m；试井认识有效砂体宽度50~200m，长度 500~2000m；加密井排对比认为有效砂体宽 300~500m，长度小于 1000m；单井统计表明，砂地比 30%~50%，有效厚度占砂体厚度的 20%~30%。基于此，建立了苏里格气田初期地质模型（图 7-7）。

基于地质模型，按照河流相储层特点，有效砂体呈近南北向条带状分布，长度略大于宽度，采用菱形井网覆盖。砂体规模小于 800m，南北向排距大于东西向井距，设计 800m×1500m 井网、800m×1200m 井网、600m×1000m 井网和 600m×1200m 井网，从对有效砂体的控制程度、钻遇风险和气井开发指标等方面对比多套井网，确定 600m×1200m 井网为初期最优井网。为降低开发风险，采取富集区优选、滚动建产的策略，早期优选出 7 个建产区块，作为苏里格气田前期产能建设目标区，实钻过程中优先部署骨架井，再逐步实施到设计井网，实现了苏里格致密气藏的有效开发，开创了国内致密气开采的先例。

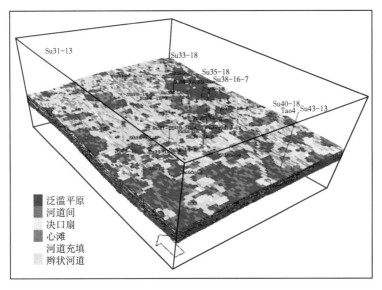

图 7-7　苏里格气田苏 6 井区早期地质模型

三、规模建产阶段井网优化设计方法

经过初期的富集区优选和开发井网实施，确立了苏里格气田有效砂体大面积叠合连片分布的发育规律，具备扩大产能建设规模的条件。但是，随着地质认识和动态评价研究的逐渐深入，也认识到初期井距偏大、井网密度偏小、最终采出程度偏低（综合预测 19% 左右）的问题，需要进一步开展井网优化设计。同时，不同建产区块有效砂体发育特点存在差异，需要深化气层分布规律研究。这一阶段，苏里格气田实施了多个井组的加密试验和大量井间干扰测试，早期投产井也积累了大量的生产历史数据，静态资料、动态资料得到极大的丰富，为深入气藏评价、优化化井网设计奠定了基础。以达到最优开发经济效益为目标，建立了以加密井组解剖、干扰试井分析、泄气半径评价、静态地质模型评价和数值模拟指标预测为核心的井网优化方法，确立了效益最优的井网设计方案。

1. 加密井组解剖

在早期加密井排部署基础上，苏 6、苏 10 和苏 14 等多个区块实施了局部加密井组部署，井距 300~600m，排距 600~800m，为有效砂体精细解剖提供条件。多个剖面精细对比分析结果表明（图 7-8、图 7-9），区内单砂体厚度 2~5m，宽度 300~500m，长度 400~700m。复合砂体规模有一定程度的扩展，厚度 2~10m，宽度 400~600m，长度 500~800m。有效砂体中长度小于 700m、宽度小于 500m 的占比均达到 70%。全区有效砂体单层厚度分析表明（图 7-10），厚度小于 3.5m 的有效砂体占 69.2%，按照辫状河砂体发育经验值取最大宽厚比 120、长宽比 1.5~3 估算，厚 3.5m 的砂体最大宽度 420m，长度 600~1260m，预测区内 70% 的砂体宽度小于 420m，佐证了苏里格气田全区有效砂体规模小、孤立状分布的发育规律。

加密井组对有效砂体的解剖，揭示了有效砂体的规模尺度和结构特点。为了进一步落实有效砂体在全区的分布规律，充分利用全区的多井资料解释和对比分析，结果认为苏里

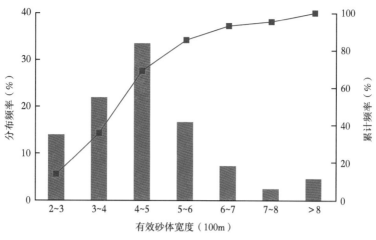

图 7-8 加密井组有效砂体宽度统计图

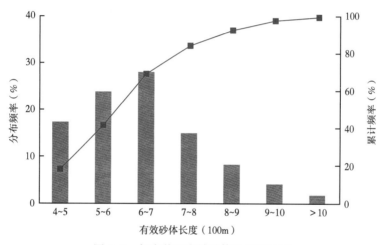

图 7-9 加密井组有效砂体长度统计图

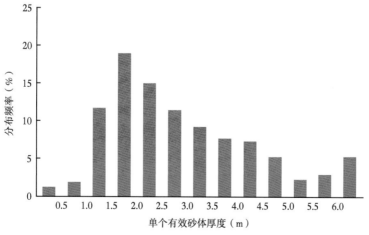

图 7-10 有效单砂体厚度统计图

格气田有效砂体分布受辫状河沉积体系控制，且全区分布稳定，依据砂岩粒度和砂泥岩组合特征，可以划分出辫状河体系叠置带、辫状河体系过渡带和辫状河体系间（何东博等，2013）。其中，叠置带多期河道叠加，泥岩夹层不发育，有效砂体呈薄厚不等的多层特征，累计厚度较大；过渡带砂泥岩互层沉积，有效砂体多为薄层状；体系间以细砂岩、泥岩为主，有效砂体不发育。叠置带心滩发育比例为过渡带的两倍左右，规模上比过渡带要厚0.3~0.5m，70%以上的有效砂体分布在叠置带内。辫状河水流多变、河道迁移改道频繁，全区砂体分布稳定，呈大面积连片分布，在这一沉积背景下，叠置带在区内十分发育，受此控制，有效砂体规模、结构特征全区具有可比性，加密井组解剖对有效砂体的认识对全区均有指导意义，为全区统一井网设计奠定基础。

2. 干扰试井评价

井间干扰测试资料是井间有效砂体连通性对比的直接证据，为有效砂体连通范围确定、井网井距设计提供依据。规模建产阶段苏里格气田开展了 42 个井组的井间干扰实验，覆盖了不同的井距和排距。统计分析表明（图 7-11、图 7-12），随着实验井距、排距的增大，发生井间干扰的井组数占比逐渐减少，井距 500~600m、排距 600~700m 时，产生井间干扰的井组占比小于 25%，井距大于 600m、排距大于 800m 时，基本没有井组发生井间干扰。结合有效砂体多层叠合连片的发育特点，说明苏里格有效砂体主体规模是小于600m×800m 的，进一步验证了前期地质研究的准确性。与此相适应，将井网缩小到 600m×800m，几乎不发生井间干扰，不会造成单井产量降低，但是进一步缩小井距和排距则会有相当一部分井产生干扰。

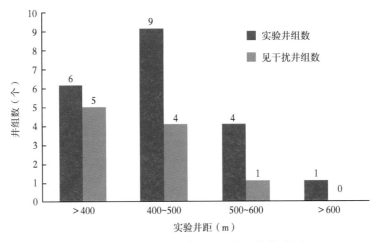

图 7-11　干扰试验垂直物源方向干扰统计图

3. 泄气半径评价

早期投产的气井已经积累了较长的生产历史数据，符合多种气藏工程计算方法的使用条件，因此选取气田生产时间较长的气井，综合运用多种气藏工程方法进行单井动态储量和泄气范围评价，为井网优化提供依据。均质储层中压裂气井的动态控制范围沿裂缝走向呈椭圆形分布，透镜状储层气井最终的动态控制范围受有效砂体几何形态制约，基于这一前提条件，建立了透镜状砂体压裂井压力波及模型，利用 28 口老井生产数据进行历史拟合，计算得出气井平均动态控制面积不足 0.25km²，其中：Ⅰ类气井平均动态控制面积为

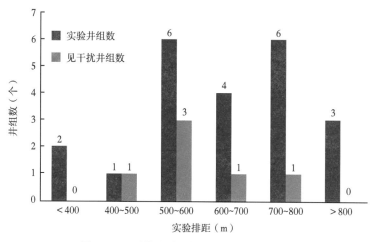

图 7-12　干扰试验顺物源方向干扰统计图

0.235km²，平均泄气椭圆长半轴、短半轴分别为 330m、220m；Ⅱ类气井平均动态控制面积为 0.186km²，平均泄气椭圆长半轴、短半轴分别为 292m、195m；Ⅲ类气井平均动态控制面积为 0.155km²，平均泄气椭圆长半轴、短半轴分别为 267m、178m。受有效砂体叠合情况、钻遇砂体位置和改造裂缝分布等因素影响，单井泄气范围的评价不能直接反映砂体的规模，但也充分说明砂体规模小、连通范围有限的发育特点，也表明初期 600m×1200m 井网具有较大的调整空间。

4. 静态地质模型建立

按照当前阶段的开发井网，优选井网密度较大的井区，具备建立静态地质模型的条件，用于井网优化模拟。随着这一阶段地质认识的深化，明确苏里格气田砂体连片发育，有效砂体厚度占砂体厚度的 1/5～1/3，具有"砂包砂"的发育特点，据此提出先建立砂体骨架模型，再以砂体骨架模型为背景模拟心滩三维分布，从而建立有效砂体分布模型的建模策略。具体做法分为三个步骤（图 7-13），首先根据井点粗化的泥质含量，建立泥质含量三维模型，从而根据泥质含量截止值，建立砂体骨架模型；然后，在砂体骨架模型的基础上，根据心滩的规模尺度和分布规律，应用基于目标的模拟方法建立心滩分布三维模型；最后进行属性参数模拟，建立有效砂体属性模型，利用动态拟合修正等方法进行模型校验后，即可作为数值模拟输入数据。此方法能够可靠地揭示有效砂体空间分布规律，方便、快捷地建立可信度较高的地质模型，实现多个区块的储层地质模型和井网部署模拟。

5. 数值模拟井网指标

规模建产阶段，为保障气田开发效益，井网优化的目标是在避免井间干扰、保障单井控制储量最大的条件下，尽量缩小井距和排距，加大井网密度。因此，为了寻求最佳的井网密度，利用建立的地质模型，模拟井距从 200m 到 800m、排距从 600m 到 1000m 的加密井网开发过程，不同的排距和井距进行组合，形成了 34 组不同方式的模拟井网（表 7-1）。分别构建井距、排距与单井累计采气量的关系曲线，对模拟结果进行分析，井距和排距较大时，各井间不发生干扰，单井累计产量基本为定值，随着井距和排距的缩小，逐渐出现井间干扰，单井累计产量逐渐降低，对应的拐点值为最佳的井距和排距。不同排距下井距与单井累计采气量关系曲线图上显示（图 7-14），井距在 500m 处出现明显拐点，井

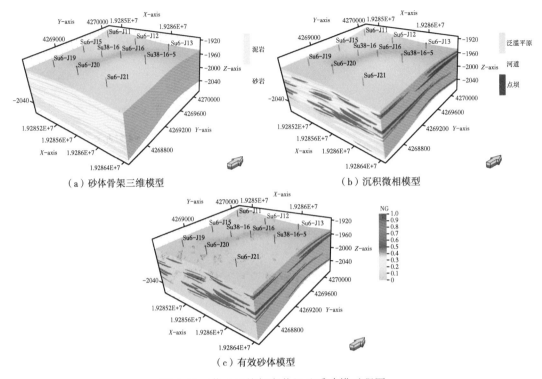

（a）砂体骨架三维模型　（b）沉积微相模型

（c）有效砂体模型

图 7-13　苏 6 区块加密井组地质建模过程图

距小于 500m 时单井累计采气量下降幅度显著增大，认为最优井距在 500m 左右。同理，分析不同井距下排距与单井累计采气量的关系（图 7-15），排距在 700m 处出现拐点，排距小于 700m 时单井累计采气量下降幅度显著增大，表明最优排距在 700m 左右。

表 7-1　苏 6 区块 34 组井网设计表

井网设计		南北向排距（m）						
		400	500	600	700	800	900	1000
东西向井距 （m）	200	☆	☆	☆	☆	☆	☆	☆
	300	☆	☆	☆	☆	☆	☆	☆
	400		☆	☆	☆	☆	☆	☆
	500			☆	☆	☆	☆	☆
	600				☆	☆	☆	☆
	700					☆	☆	☆
	800						☆	☆

对 34 套布井方案分别计算平均单井控制面积和平均单井累计采气量，建立二者的关系曲线（图 7-16）。随着平均单井控制面积的减小，曲线呈现两段式特征。控制面积大于 0.3km² 时，平均单井累计采气量在 $2000×10^4m^3$ 左右波动，基本保持不变，说明井间基本不干扰，平均单井累计采气量主要受有效砂体规模控制；控制面积小于 0.3km² 时，平均单井累计采气量快速降低，说明井间干扰越来越严重，平均单井累计采气量主要受井间干

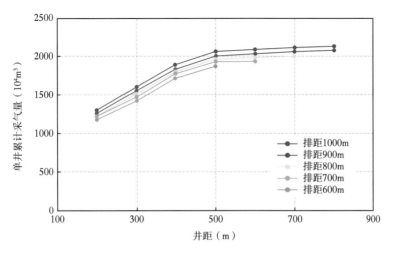

图 7-14　苏 6 区块模拟井距优选曲线

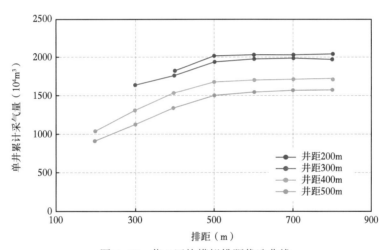

图 7-15　苏 6 区块模拟排距优选曲线

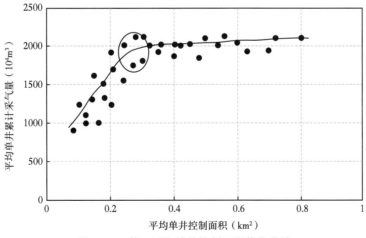

图 7-16　苏 6 区块单井控制面积优化曲线

扰程度控制。因此，曲线上的拐点处对应的平均单井控制面积是最优的，相应的井距和排距也是经济效益最优的井网部署设计。

数值模拟结果为井网优化提供参照依据，具体的井网设计还要结合有效砂体的展布规律、结构特征和风险控制等多因素综合确定，不可严格照搬数值模拟的具体数值。基于以上评价方法对井距和排距的论证，在规模建产阶段，按照当时的经济技术条件，确定苏里格气田东西向合理井距为 $500\pm100m$，南北向合理排距为 $700\pm100m$，按照效益最大化的原则，尽量避免发生井间干扰，降低开发风险，确定采取 $600m\times800m$ 的基础井网，推广到全区部署，编制苏里格大区开发方案，实现气田的规模开发，建成了国内最大的致密气藏。

四、提高采收率阶段井网优化方法

国内外致密气开发实践表明，井网加密是致密气藏提高采收率的重要措施，也是保障气田稳产的主要对策（卢涛等，2015；谭中国等，2016）。决定是否能够进行井网加密的核心指标是经济效益，因此论证井网加密调整必须以经济效益为导向（郭智等，2017；贾爱林等，2018）。从两个层面考虑井网加密，一是从有效砂体结构和气井动态控制范围上，井网加密要充分动用气层，提高储量动用程度；二是经济效益上考虑井网加密要达到企业要求的致密气开发效益指标，加密井网要大于经济极限井网密度。为了便于论证井网加密的可行性，提出井网加密必须具备三个量化条件：一是加密后能够大幅提高气田采收率；二是所有加密井的平均增产气量要大于经济极限累计产量，保障加密井自身能收回投资成本；三是加密后气田所有井平均累计产量大于行业基准内部收益率对应的累计产量，满足气田开发效益指标要求。按照这三个条件，从未动用储量评价、有效砂体与井网匹配关系评价、密井网试验效果评价和经济极限井网模拟等方面，建立一系列提高采收率井网优化方法。

1. 未动用储量评价

天然气依靠地层能量衰竭式开采，未动用储量主要存在于未钻遇的有效储层中。因此，未动用储量与井网的覆盖情况息息相关。依据钻井和生产情况，划分出三种类型未动用储量（图7-17）：（1）井间未动用型，主要是井网覆盖不到的气层，包括井间未钻遇的气层及受阻流带遮挡的气层。对于苏里格多层叠合透镜体状气层而言，有效砂体规模小，由初始井网加密到 $600m\times800m$ 基础井网，气井泄流范围远小于井网覆盖面积，预测最终采收率仅在32%左右，井间仍有大量未钻遇气层，这部分未动用储量是主体，是井网优化动用的主要目标；（2）层间未动用型，已有井网部署，但是遗留未射孔的气层，包括直井未射孔气层和水平井纵向遗留气层。直井钻遇的气层由于厚度薄或者含气性差，个别层未压裂改造，成为遗留气层，是后期查层补孔的主要对象。水平井轨迹主要是顺着相对厚度较大的砂体，因此除厚砂体以外的气层不能有效动用，但尚缺少有效的动用措施；（3）水淹滞留型，投入开发但动用不彻底的气层，如气井积液滞留气等，这类未动用储量主要依靠排水采气工艺挖潜。

2. 井距与有效砂体的匹配关系评价

从地质角度而言，井距比大多数有效砂体的规模小才能够充分动用气层，是否经济有效取决于单井最终累计产量，因此首先从储层自身特点评价相匹配的井网。苏里格气田有

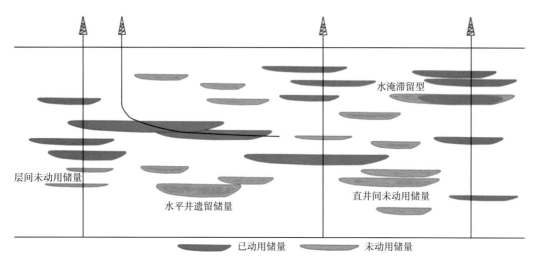

图 7-17   苏里格气田未动用储量分布模式图

效砂体规模小、分布零散、非均质性强，不断加密的井排对比剖面充分证实了这种有效砂体分布规律。苏 6 区块加密井排第一次加密井距由 1600m 缩小到 800m，第二次加密井距由 800m 缩小到 400m，已钻遇的有效砂体延伸范围不断缩小，同时加密井也钻遇了部分新的气层（图 7-18）。结合干扰试井资料和加密井初期测压数据，对全区多个加密井排进行井间连通情况对比分析，加密后井距在 400m 左右，28 口对比井上连通气层厚度占有效砂体厚度的比例从 0% 到 100% 均有，平均值为 44%，多数井的连通厚度占比小于 60%

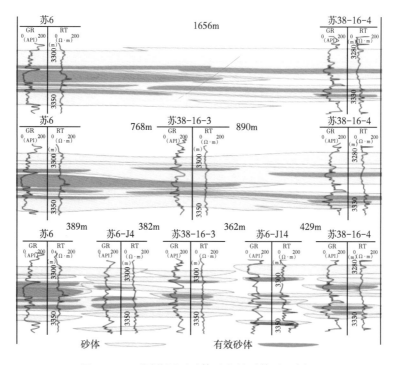

图 7-18   不同井网下砂体及有效砂体对比剖面

（图 7-19）。井距由 800m 缩小到 400m 的情况下，加密井平均单井新钻遇的有效砂体厚度 7m 左右，相当于储量丰度接近 $1 \times 10^8 m^3/km^2$，表明井距缩小到 400m 提高了储量动用程度。

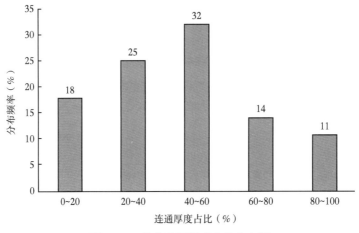

图 7-19　单井连通厚度占比分布图

为了进一步评价不同井距下有效砂体的动用程度，对已有的密井网剖面进行抽稀布井设计，统计不同井距下有效砂体的动用比例。按照苏里格气田主体有效砂体宽 200~500m、长 400~700m 的地质认识，400m 井距对比剖面上的有效砂体分布是可靠的。因此，将实际对比剖面去除实钻井，并对有效砂体的分布进行适当调整，抽提成新的有效砂体剖面，在此基础上设计不同的井距，分析有效砂体的动用程度。图 7-20 为苏 6 井区加密井组抽提的有效砂体对比剖面，井距 400m 条件下动用了 87% 的砂体，井距 500m 条件下动用了

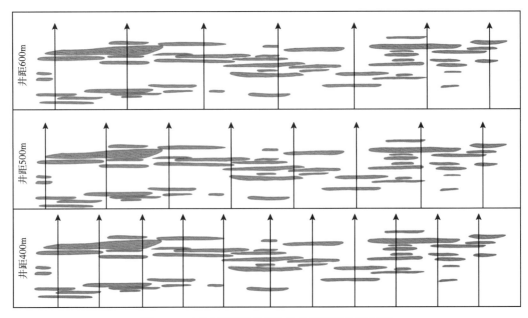

图 7-20　不同井距下有效砂体动用程度分析剖面

58%的砂体，井距600m条件下动用了50%的砂体。统计分析多个密井网对比剖面，井距500m时有效砂体的动用程度60%左右，400m井距时有效砂体的动用程度90%左右。由于最小井距的对比剖面是400m左右，存在一定数量小于400m的有效砂体在剖面图上体现不出来，因此重新设计部署的井距400m时的有效砂体的动用程度是偏高的。结合井间干扰情况和井距400m时单井连通厚度比例分析，确定井距400~500m与有效砂体的分布是相匹配的，对有效砂体的控制程度比较合理。

3. 密井网试验区开发效果评价

苏里格气田先后完成了苏6井区和苏36-11井区密井网试验区建设，与加密井排和加密井组相比，试验区面积更大、井数更多，对加密井开发效果评价更有利。

苏6加密区加密前井距排距（700~800）m×1200m，加密后井距排距（400~500）m×（600~700）m，最小井距400m左右。基础老井于2006年以前投产，加密井于2007年以后投产。整个加密试验区面积9.9km²，区内单砂层厚度以1~3m为主，大于3m单砂层占比不到34%，单井平均累计有效厚度13.3m，储量丰度1.46×10⁸m³/km²，具有代表性。试验区总井数31口，井网密度3.1口/km²。利用产能不稳定法（RTA）拟合预测单井最终累计产量（EUR），作为开发效果评价的关键指标。计算结果表明（表7-2），加密后老井和加密井的累计产量均大于经济极限产量，老井累计产量减少455×10⁴m³，产量减少12.4%，加密井平均增产气量达到1526×10⁴m³，全部井平均累计产量远高于行业基准内部收益率12%对应的累计产量，试验区累产气量较加密前预测值增加2.9×10⁸m³，采收率由23.69%提高到43.74%。说明加密到3口/km²是具备经济效益的，加密可行。

表7-2　苏6试验区应用加密前后生产资料预测气井产量对比表

	老井平均产量（10⁴m³）	加密井平均增产气量（10⁴m³）	所有井平均产量（10⁴m³）	区块累计产气量（10⁴m³）	采收率（%）
加密前	3113	—	3113	34243	23.69
加密后	2658	1526	2039	63218	43.74
加密前后变化	−455	—	−1074	+28975	+20.05

苏36-11加密区2012年由5口直井加密到13口直井，加密后井距排距为（350~500）m×（300~350）m。试验区面积2.6km²，储量丰度2.17×10⁸m³/km²，单层厚度较大，厚度大于3m的单砂层占一半以上，单井平均累计有效厚度达到16m，加密后井网密度达到5口/km²。苏36-11加密区储量丰度较高，气层连续性较好，代表了苏里格气田最好的开发区块。计算结果表明（表7-3），加密后老井累计产量减少了1023×10⁴m³，产量减少21%，明显高于苏6加密区。试验区累计产气量较加密前预测值增加4871×10⁴m³，采收率由56.89%提高到68.26%，提高了11.37%。加密前后全部井平均累计产量2249×10⁴m³，远高于内部收益率12%对应的累计产量。但是，由于储层条件好、井网密度大，加密井抢气严重，尽管预测加密井平均累计产量达到了1248×10⁴m³，但是通过动用新储量带来的增产气量仅有609×10⁴m³，远低于单井经济极限累计产量，说明加密到5口/km²时，加密井自身是没有效益的。

表 7-3 苏 36-11 试验区加密前后气井产量对比表

	老井平均产量 $(10^4 \mathrm{m}^3)$	加密井增产气量 $(10^4 \mathrm{m}^3)$	所有井平均产量 $(10^4 \mathrm{m}^3)$	区块累计产气量 $(10^4 \mathrm{m}^3)$	采收率 （%）
加密前	4871	—	4871	24372	56.89
加密后	3851	609	2249	29243	68.26
加密前后变化	−1023	—	−2625	+4871	+11.37

为了进一步分析苏 36-11 区块合适的井网密度，依据井网密度越小、单井累计产量越高的规律，将 13 口井的累计产量从大到小排序，再按照逐步加密的思路从大到小选取井，分析井网加密效果（图 7-21）。由 2 口/km² 增加至 3 口/km²，采收率提高幅度和产量增加幅度较大，而增加至 4 口/km²，提高幅度明显减小，至 5 口/km² 提高幅度几乎为零。在 4 口/km² 时，加密井平均增产气量已接近经济极限累计产量，而加密到 5 口/km² 时，加密井几乎没有产生新增气量，表明对于丰度较高的区域井网密度不宜太大，3 口/km² 是合理的，加密到 4 口/km² 时已经达到极限，再加密也起不到提高采收率的作用，仅是提高采气速度，极大地降低了开发效益。

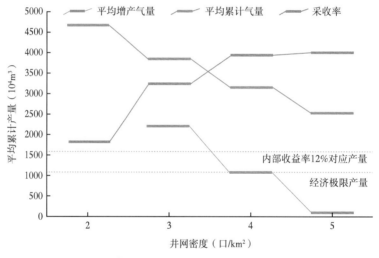

图 7-21 苏 36-11 密井网区井网加密效果分析图

4. 地质模型模拟经济极限井网

加密试验区地质和生产动态资料丰富，对有效砂体的分布规律认识准确，沿用规模建产阶段地质建模方法，建立精细地质模型，模拟井网加密指标。设计井网密度由 2 口/km² 逐渐加密到 8 口/km² 的生产过程，共进行 7 组数值模拟，模拟结果依据制订的三个量化的井网加密条件进行分析。整体上，随着井网密度的逐渐增加，采收率提高幅度逐渐减少，加密井累计产量逐渐降低，产量干扰率逐渐上升，所有井的平均累计产量逐渐降低，这些参数的变化规律和数值大小与密井网区生产动态分析结果是一致的，也表明分析论证的可靠性（图 7-22）。井网密度从 2 口/km² 增加到 3 口/km²，采收率和增产气量提高幅度最大，采收率提高了 11.2%，加密井平均增产气量达到 2101.84×10⁴m³，远远高于经济极限产量，所有井平均累计产量 2845.07×10⁴m³，满足内部收益率在 12% 以上，所以井网密度 3 口/km² 是完全可行的。加密到 4 口/km² 时，采收率提高幅度也较大，提高了 7.3%，达到 52.7%，加密井平均增产气量 1372.4×10⁴m³，仍高于经济极限产量，所有井平均累计产量达到 2476.9×10⁸m³，满足内部收益率在 12% 以上，产量干扰率 23%，表明加密到 4 口/km² 也是可行的。加密到 5 口/km² 时，采收率提高幅度不大，提高了 5.2%，加密井平均增产气量 981.36×10⁴m³，低于经济极限产量，尽管所有井平均累计产量达到 2177.79×10⁴m³，满足内部收益率在 12% 以上，但是加密井不能自保效益，新钻加密井收不回成本，不可行。

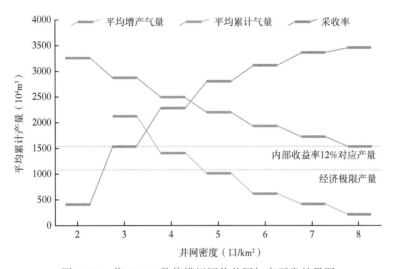

图 7-22　苏 36-11 数值模拟评价井网加密开发效果图

综合有效砂体与井网的匹配关系、加密井试验区效果评价和数值模拟效益分析，认为苏里格气田加密到 3~4 口/km² 是可行的，加密到 4 口/km² 接近经济极限井网密度，采收率可以达到 50% 左右。

第八章 低渗透—致密砂岩气藏水平井优化部署技术

低渗透—致密砂岩气藏近年来受到高度重视，储量规模不断扩大，产量持续攀升，已成为国内天然气储量和产量占比最高的气藏类型。近年来，水平井技术的成功应用有效提高了直井单井控制储量和单井产量，在大幅减少开发井数和管理工作量的情况下，建成规模产能并保持长期稳产，提高了开发效益。

水平井开发技术在储层横向稳定的低渗透—致密砂岩气藏中的应用获得了很好的效果，并积累了一定的经验，如榆林气田长北区块与壳牌公司合作开发，采用双分支水平井放压生产，水平井段设计长度为 2km，初期井平均产量达到 83.1×10^{4}m^3/d，通过补充新井保持区块 30×10^{8}m^3 的产能稳产，沿砂体展布和垂直砂体两个方向部署 47 口分支水平井，实现山 2 段气藏的有效动用。截至 2019 年 5 月，苏里格气田投产水平井 1462 口，水平井前三年平均产量 3.3×10^{4}m^3/d，相当于 3~4 口相邻直井的开发效果。

然而，强非均质性的储层特征给水平井的应用提出了更大挑战。在水平井地质设计方面的挑战主要有：如何通过地质目标优选和轨迹设计提高气层钻遇率，如何确定最佳的水平段方位、长度、压裂段数和水平井井网，如何将水平井地质设计与改造工艺有机结合以提高气藏采收率等。

第一节 水平井地质目标优选标准

一、水平井钻遇储层的地质模型

多期次辫状河河道的频繁迁移与叠置切割作用，使得含气砂体多以小规模的孤立状形态分布在垂向上的多个层段中，单层的气层钻遇率低。但在整体分散的格局下，局部区域存在多期砂体连续加积形成的厚度较大、连续性较好的砂岩段，其中的气层分布也相对集中，有利于水平井的实施。

苏里格有效砂体在空间上的分布主要有孤立型、垂向叠置型及横向连通型三种类型，可细分为 7 小类（表 8-1）。孤立型有效砂体中垂向上厚度较大（一般大于 6m）的单个有效砂体或者侧向上相距不远的 2~3 个有效砂体，可选择性地进行水平井开发，水平井地质目标分别对应厚层块状孤立型砂体和横向"串糖葫芦"型，而薄层孤立型砂体则不宜进行水平井开发；垂向叠置型有效砂体对应具物性夹层垂向叠置型和具泥质隔层垂向叠置型两种水平井地质目标；横向连通型有效砂体由于河道侧向迁移、叠置可细分为大面积切割和局部搭桥两种类型，因不易区分，故将其合并，统一对应横向连通型水平井地质目标。

表 8-1　有效砂体类型对应的水平井地质目标

有效砂体类		有效砂体类型细分		布水平井情况
孤立型	致密砂岩　有效砂岩	砂体　有效砂体	厚层块状孤立型	较适合
			薄层孤立型	不适合
			横向"串糖葫芦"型	一般
垂向叠置型	有效砂岩　致密砂岩		物性夹层垂向叠置型	较适合
			泥质隔层垂向叠置型	一般
横向连通型	有效砂岩　致密砂岩		横向搭桥连通型	合并为横向连通型
			横向切割连通型	一般

结合苏里格气田有效砂体在空间的分布和多口实钻水平井的地质分析，总结出了水平井钻遇有效砂体的 5 种地质概念模型（图 8-1）（刘群明，2012），分别为 A 型——厚层块状孤立型、B 型——具物性夹层的垂向叠置型、C 型——横向切割连通型、D 型——具泥质隔层的垂向叠置型和 E 型——横向"串糖葫芦"型。

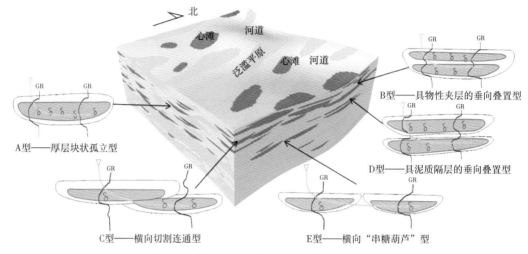

图 8-1 苏里格气田水平井钻遇储层地质模型

厚层块状孤立型以心滩相沉积为主，少量为河道充填相沉积，沉积时水动力强，有效砂体厚度大（一般大于 5m），呈块状分布，横向分布稳定，井间追踪对比性强。该类型水平井段储层钻遇率通常较高，高产水平井所占比例较大。

具物性夹层的垂向叠置型主要是多期辫状河道、心滩粗砂岩相互切割、叠置形成的，其间由于水动力条件的变化，上下含气层段间发育物性夹层，厚度一般小于 3m，通过压裂改造可将上下气层沟通。有效砂体单层厚度为 2~5m，多层叠置后形成规模较大的复合体，在垂向上有效厚度可达到 8m 以上，在平面上呈片状分布。该类型水平段储层钻遇率高，特别是纵向上除了主力层外，还分布有若干孤立的气层，在保证压裂工艺质量的条件下，可以达到较高的产气量。

横向切割连通型成因主要为后期辫状河道砂体或心滩砂体切割早期沉积砂体形成横向连通的复合砂体。有效砂体切割叠置后累计厚度分布区间范围较大（2~10m）。该类型水平井钻遇储层不确定性较大，具有一定的开发风险。

具泥质隔层的垂向叠置型成因主要为两期河道或心滩砂体垂向叠置，其间在洪水间歇期沉积了一套泥质隔层，厚度一般小于 3m，砂体叠加厚度大，两套砂体横向分布范围不等。有效砂体单层厚度大小不一，叠加后可达 6m 左右。该类型水平段储层钻遇率一般较低，钻遇水平井类型也多为低产气井。

横向"串糖葫芦"型水平井钻遇两个（或以上）孤立有效砂体，砂体被泛滥平原泥岩分割，在水平井剖面上呈"串糖葫芦"的形状。该类型钻遇储层的风险最大，储层钻遇率较低。

已钻遇的水平井地质模型主要为 A 型（厚层块状孤立型）、B 型（具物性夹层垂向叠置型）（图 8-2），钻遇这两种模型的水平井井数占水平井总井数的 60%。A 型、B 型水平井地质模型对应的Ⅰ类井+Ⅱ类井比例高（图8-3），多分布在辫状河体系叠置带，属于高产模型，稳产期平均产气量分别为 $5.4×10^4m^3/d$ 和 $4.4×10^4m^3/d$，该两种模型可作为下一步水平井开发的主要地质目标类型。

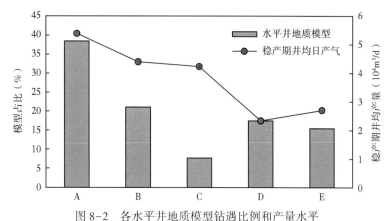

图8-2　各水平井地质模型钻遇比例和产量水平

A——厚层块状孤立型；B——具物性夹层的垂向叠置型；C——横向切割连通型；
D——具泥质隔层的垂向叠置型；E——横向"串糖葫芦"型

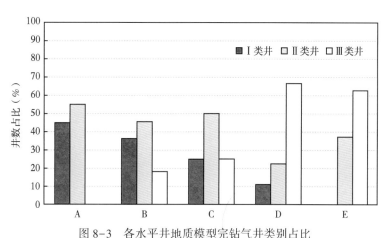

图8-3　各水平井地质模型完钻气井类别占比

A——厚层块状孤立型；B——具物性夹层的垂向叠置型；C——横向切割连通型；
D——具泥质隔层的垂向叠置型；E——横向"串糖葫芦"型

钻遇C型（横向切割连通型）地质目标的井数占比最低，仅为8%，水平井类型也差异较大，单井产能高低主要取决于横向叠置后气层的厚度和长度。总的来说，C型水平井地质目标类型属中等模型。而D型（具泥质隔层的垂向叠置型）和E型（横向"串糖葫芦"型）则主要分布在辫状河体系过渡带，井数占比分别为17%和15%，对应的水平井类型以Ⅱ类井+Ⅲ类井为主，平均产气量分别为 $2.3×10^4m^3/d$ 和 $2.7×10^4m^3/d$，属低产模型。

静态资料表明B型水平井地质模型气层钻遇率和气层厚度在5种地质模型中最高（表8-2），分别为69.9%和10.0m；其次为A型，气层钻遇率和气层厚度分别为67.4%和8.7m；C型气层钻遇率和气层厚度分别为60.4%和6.5m，在五种水平井模型为中等水平；

相比于 A 型、B 型，E 型虽然钻遇较长的有效储层，但因横向上要钻穿数百米厚的泥岩来贯穿两套有效砂体，造成有效储层钻遇率和气层厚度降低，分别为 53.4% 和 4.3m；D 型水平井静态各项指标都最低，气层钻遇率和气层厚度分别为 35.8% 和 3.3m。

表 8-2　水平井地质模型静态参数统计

水平井地质模型	水平段（m）	砂岩长度（m）	气层长度（m）	气层厚度（m）	砂岩钻遇率（%）	气层钻遇率（%）
A	940.1	754.2	626.6	8.7	79.9	67.4
B	1011.8	938.0	702.5	10.0	92.4	69.9
C	800.0	730.0	490.5	6.5	86.9	60.4
D	1003.8	706.3	367.3	3.3	70.1	35.8
E	1216.0	957.5	671.9	4.3	78.3	53.4

动态资料表明 A 型和 B 型的水平井地质模型开发效果最好（表 8-3），平均无阻流量分别为 $64.9 \times 10^4 m^3/d$ 和 $71.2 \times 10^4 m^3/d$，单井控制动储量分别为 $11525 \times 10^4 m^3$ 和 $8194 \times 10^4 m^3$。B 型水平井地质模型虽然通过有效砂体多期叠置，累计厚度较大，但储层连续性和连通性较 A 型差，是造成其开发效果劣于 A 型水平井地质模型的主要原因。C 型水平井地质模型的开发效果在 5 类水平井地质模型处于中等水平，但该模型压降速率较大，为 0.0364MPa/d，反映其稳产能力较弱。D 型和 E 型为开发效果较差的水平井地质模型，平均无阻流量分别为 $23.9 \times 10^4 m^3/d$ 和 $13 \times 10^4 m^3/d$，平均初期产气量都在 $3 \times 10^4 m^3/d$ 左右。

表 8-3　水平井地质模型动态参数统计

水平井地质模型	无阻流量（$10^4 m^3/d$）	初期产气量（$10^4 m^3/d$）	稳产期产气量（$10^4 m^3/d$）	压降速率（MPa/d）	单井控制动储量（$10^4 m^3$）
A	64.9	7.4	5.4	0.0148	11525
B	71.2	6.6	4.4	0.0124	8194
C	45.6	5.9	4.2	0.0364	6987
D	23.9	3.0	2.3	0.0109	5068
E	13.0	3.2	2.7	0.0111	6620

二、水平井地质目标优选标准的建立

辫状河体系是控制苏里格气田沉积微相展布和有效砂体分布的关键地质因素，不同的辫状河体系带内发育的沉积微相类型、规模和储层的结构、空间组合样式有很大的不同，同样也对开发方式造成很大影响。统计表明，苏里格气田所有已完钻的水平井都分布在了辫状河体系叠置带及辫状河体系过渡带，其中有 84% 的水平井打了辫状河体系叠置带，有 16% 的水平井打在了辫状河体系过渡带。

辫状河体系叠置带储层稳定性强，有效砂体相对富集（图 8-4），水平井主要为Ⅰ类井+Ⅱ类井，水平井模型主要为 A 型（厚层块状孤立型）和 B 型（具物性夹层的垂向叠置型）这两类高产模型（图8-5）。过渡带储层质量一般，砂体分布相对局限，有效砂体相对分散（图8-4），水平井主要为Ⅱ类井+Ⅲ类井，水平井模型以D型（具泥质隔层的垂向叠置型）、E型（横向"串糖葫芦"型）这类低产模型为主（图8-5）。辫状河体系间砂体零星发育，开发风险大，不宜进行水平井开发。

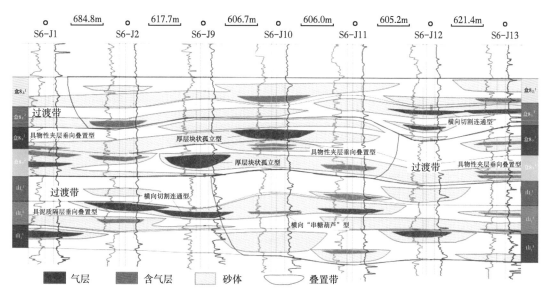

图8-4　辫状河体系带对应的水平井地质模型

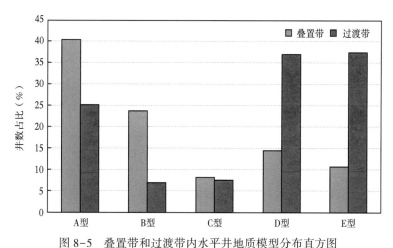

图8-5　叠置带和过渡带内水平井地质模型分布直方图

A型——厚层块状孤立型；B型——具物性夹层的垂向叠置型；C型——横向切割连通型；
D型——具泥质隔层的垂向叠置型；E型——横向"串糖葫芦"型

总的来说，水平井地质目标优选有以下原则：应选在构造平缓、井控程度高，储层分布广泛且储量落实的富集区；侧向上，砂体厚度、有效砂体厚度大，展布相对稳定，物性较好；垂向上，主要气层段连续分布，主力层剖面储量占比高，气层段内隔层、夹层厚度小；邻近直井无阻流量相对较高，试采效果较好，生产相对稳定；水平段延伸方向及长度满足目前井网井距；还须尽量避开水层。

基于水平井分类评价指标、水平井钻遇地质模型的参数特征及不同辫状河体系带的沉积及储层差异，分别针对叠置带、过渡带等水平井部署的两大主力相带，建立了水平井地质目标优选标准（表 8-4），包括地震资料、构造幅度、储层及有效储层品质、相邻直井情况、储量富集程度及丰度，并对水平井的初期产量和无阻流量做了预测，总计七大类共15 个参数。该地质目标优选标准建立在 500 余口水平井的动静态资料的统计基础上，数据样本较大，可靠性较强。

表 8-4　叠置带、过渡带水平井地质目标优选标准

类型	参数	辫状河体系叠置带	辫状河体系过渡带
地震	AVO、异常振幅属性	含气有利区	
构造	气层顶底构造	构造平缓，坡降小于 10m/km	
储层	砂岩厚度	主力砂组平均大于 15m	小层砂体大于 6m，水平井部署处大于 9m
	隔夹层	以物性夹层为主，小于 3m	以泥质隔层为主，单层小于 3m 或累计小于 4m
	井间储层延伸	大于 800m	大于 700m
有效储层	有效储层厚度	单层大于 6m 或累计大于 8m	单层 3~6m，累计大于 6m
	有效储层延伸	大于 600m	大于 450m
相临直井	曲线形态	高幅平滑箱形	中高幅齿化箱形
	日产气	平均大于 $1.1 \times 10^4 m^3$	大部分大于 $1 \times 10^4 m^3$
	Ⅰ类井+Ⅱ类井占比	大于 75%	大于 60%
	水气比	小于 $0.5 m^3/10^4 m^3$	
储量	储量富集程度	主力层大于 60%	主力层大于 50%
	储量丰度	大于 $0.8 \times 10^8 m^3/km^2$	大于 $0.6 \times 10^8 m^3/km^2$
动态预测	初期产量	大于 $6 \times 10^4 m^3/d$	大于 $4 \times 10^4 m^3/d$
	无阻流量	大于 $40 \times 10^4 m^3/d$	大于 $25 \times 10^4 m^3/d$
研究重点		区块整体评价	局部"甜点"分析

值得注意的是，在叠置带、过渡带内优选水平井地质目标时应有所差异。叠置有效砂体相对富集，应侧重于储层厚度、储量富集程度等区块的整体评价，而过渡带有效砂体分散，宜侧重于隔（夹）层描述、相邻直井分析等局部"甜点"研究。

下文重点阐述地震资料、构造起伏、邻井地质条件、生产情况等参数在水平井地质目标优选中的作用。

1. 地震资料

三维地震资料信息量大、地质内涵丰富，结合叠前技术（AVO 反演、泊松比、横纵波速度比）和叠后技术（地震属性），对有效储层进行精细刻画，优选高产富集区，为水平井实施提供保障（图 8-6）。如果没有三维地震资料，要求贯穿或邻近二维地震远近道叠加测线在部署位置含气响应较好（图 8-7）。

2. 构造幅度

苏里格气田有效储层厚度薄，若构造起伏较大将给地质导向带来困难，严重影响水平段有效储层钻遇率。因此，水平井地质目标区构造应较平缓，坡降一般不宜大于 10m/km（图 8-8）。

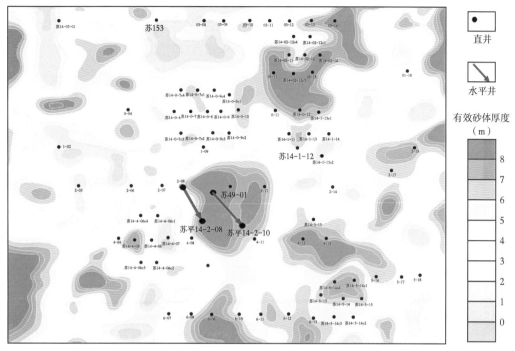

图 8-6　利用三维地震资料优选水平井地质目标区

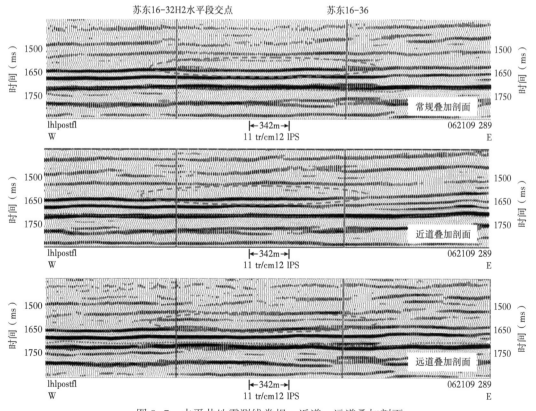

图 8-7　水平井地震测线常规、近道、远道叠加剖面

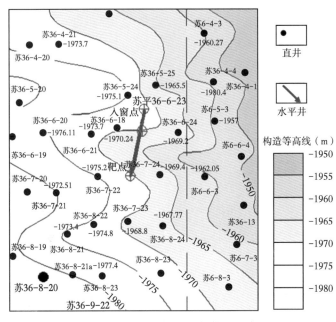

图 8-8　水平井地质目标构造幅度

3. 邻井地质条件和生产情况

叠置带内水动力强，砂体发育，适合布水平井的主力层砂体厚度一般大于 15m，且横向分布稳定，邻近有效砂体相对集中，单层厚度大于 6m，累计厚度大于 8m，隔层、夹层厚度小，垂向有效砂体间以物性夹层为主，测井曲线形态多为高幅平滑箱形，相邻直井Ⅰ类井+Ⅱ类井比例应大于 75%，平均产气量大于 $1.1×10^4m^3/d$。过渡带水动力弱，有效砂体相对分散，适合布水平井的层段有效砂体应累计厚度大于 6m，有效砂体多为泥质隔层，限于当前水平井工艺改造的技术水平，水平井开发要求隔层厚度小于 3m。邻近测井曲线形态多为中高幅齿化箱形或钟形，相邻直井Ⅰ类井+Ⅱ类井比例应大于 60%，井均产气量大部分大于 $1.0×10^4m^3/d$。

第二节　水平井地质参数优化

水平井的地质优化是水平井高效开发的基础，主要包括水平段方向、水平段长度、压裂间距、压裂段数、水平段井轨迹、水平段入靶点位置等方面。

一、水平段方向

水平段方向取决于地层的最大主应力方向和砂体走向，前者决定水平井的改造效果，后者是水平段气层钻遇率的保证。

苏里格气田主应力方向为近东西向，方位角为 NE98°—NE108°（图 8-9），从改造工艺角度考虑，水平段方向垂直于最大水平主应力方向时，多段压裂可形成多条有效裂缝（图 8-10），可大幅增加控制储量（牛祥玉，2009），提高水平井产量。苏里格气田砂体基本沿南北向展布，东西向变化快、范围小。综合考虑，水平段方向应垂直地层主应力方向，且顺砂体长轴方向，在研究区表现为近南北向。

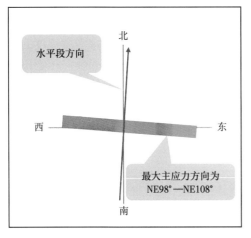

图 8-9 水平段方向

图 8-10 横向裂缝示意图

二、水平段长度

有效砂体规模和开发效果等因素在很大程度上决定了水平段的合理长度。精细地质解剖分析和完钻水平井资料表明，苏里格气田水平段长度主要分布在 800~1200m，钻遇有效砂体长 400~700m。钻遇有效砂体以一套复合砂体为主，钻遇两套有效砂体具有较大的风险。生产动态资料表明，水平井产能随水平段长度的增加呈非线性增大，水平段长度达到一定值后，产能的增幅会逐步减小。随着水平段长度的增加，对钻井技术、钻井设备及钻井成本的要求会越来越高。所以水平段长度的优化应从技术、成本、效益三方面综合考虑，选取最优值。水平段长度在 1200m 以上时，随着水平段增加，产量没有明显增加（表 8-5）。通过建立数值模型，认为压裂水平井有效水平段长度达到 1000~1200m 时可获得较好的开发效果。

综合动静态资料分析，认为在当前经济、技术条件下，苏里格气田水平段的合理长度应为 1000~1200m。

表 8-5 不同水平段长度水平井参数对比表

水平段长度 L （m）	井数 （口）	平均水平段长度 （m）	平均有效储层长度 （m）	平均无阻流量 （$10^4m^3/d$）	初期产量 （$10^4m^3/d$）	备注
≥2000	3	2491	1421.2	67.3	8.5	2 口井求产
1500≤L<2000	6	1555	990.3	34.2	9	6 口井求产
1200≤L<1500	11	1286	710	92.5	5.86	13 口井求产
1000≤L<1200	28	1051	628.3	71.6	8.5	22 口井求产
≤1000	63	771	433	44.5	7.6	50 口井求产

三、裂缝间距

低渗透—致密砂岩气藏水平井采用分段压裂方式完井投产，一定长度水平段的压裂段数或压裂间距是水平井优化设计的关键参数之一。裂缝间距过大，会造成裂缝间储量的损失；间距过小，裂缝之间存在相互干扰现象。理论上，应以每条裂缝控制的泄压范围不产生重叠为原则来确定最小间距。但实际上这个最小间距是很难确定的，且由于储层的变化，即使在同一口井中，这个最小间距也是变化的。压裂间距的优化与水平段长度的优化相似，也需要综合考虑技术、成本、效益三方面的因素，通过建立水平段长度—压裂段数—产能—钻井成本—压裂成本的多参数关系模型，将水平段长度和压裂间距的优化统一考虑。

结合阻流带地质分析、气藏工程方法、数值模拟研究，类比国外方法，借鉴加拿大Montney 致密气藏开发实例，综合判断定苏里格气田水平井合理压裂间距为 100~150m，1000~1200m 的水平段应压裂 5~8 段。

1. 阻流带分析

已完钻的水平井井轨迹剖面显示，复合有效砂体内部不仅是非均质的，还是不连通的（姜艳东等，2010；罗晓义等，2010；王丽娟等，2013），存在泥质隔（夹）层——阻流带（图 8-11），它是由于水动力条件减弱，沉积在河道或心滩砂体边缘的泥质等细粒沉积物（寿铉成等，2003）（图 8-12），岩性以泥质砂岩、泥岩等泥质沉积为主，厚度为几米至几十米，测井曲线表现为高自然伽马和高声波时差。阻流带是造成直井储量动用不完善的主要原因之一，水平井通过多段压裂可克服阻流带的影响。

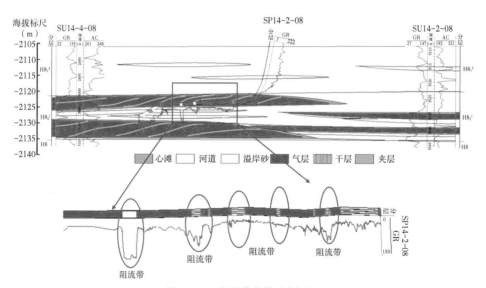

图 8-11　水平井井轨迹剖面

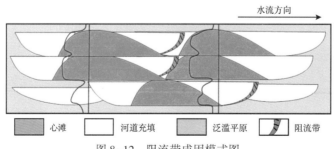

图 8-12　阻流带成因模式图

对阻流带规模进行地质解剖，主要包括宽度和横向间距等地质参数。阻流带宽度和横向间距分别是指阻流带在水平段上的长度和两期阻流带之间加积体的水平段长度（图8-13）。

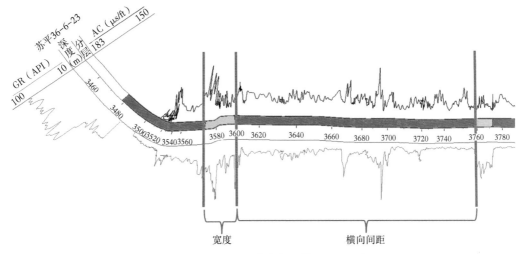

图8-13 水平井阻流带宽度、横向间距示意图

分析结果表明，1000m左右水平段内的复合有效砂体一般发育3~6个阻流带（表8-6），其宽度分布在10~50m范围，集中在20~30m范围内（图8-14），横向间距为25~350m（冀光等，2013），主要分布在100~150m范围内（图8-15）。水平井通过多段压裂工艺，可以克服阻流带的影响，横向上贯穿复合有效砂体内部多个阻流带，提高层内储量动用程度。根据阻流带地质分析，水平井压裂间隔应为100~150m。

表8-6 典型水平井阻流带精细解剖地质参数统计表

典型井号	水平井段长度（m）	阻流带个数（个）	水平宽度（m）			横向间距（m）		
			最小	最大	平均	最小	最大	平均
苏平14-2-08	692	5	11	27	20	25	147	74
苏平14-7-41H2	1268	5	22	72	47	48	171	98
苏平14-2-10	963.5	6	13	43	26	38	145	95
苏平36-6-23	877	4	10	28	16	91	304	168
苏36-18-10H	1050	3	46	50	48	220	352	284

2. 气藏工程理论分析

设定模型水平段长度1000m，利用当量井径代替水平井中压裂造成的裂缝，将水平井井筒等效为一系列直井的组合，再利用叠加原理，计算出多条裂缝的水平井的产量（位云生，2010）。结果显示，在6~8段的区间内产量增加幅度降低（图8-16、图8-17），合理压裂段数应为6~8段，压裂间距为120~150m。

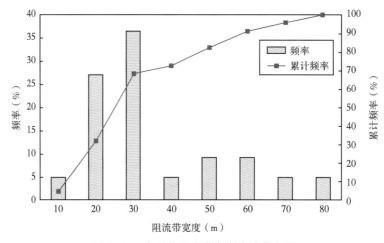

图 8-14　水平井阻流带宽度统计直方图

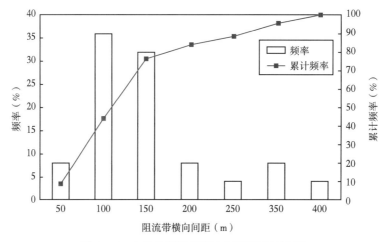

图 8-15　水平井阻流带横向间距统计直方图

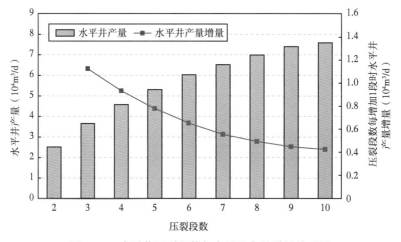

图 8-16　水平井压裂段数与产量及产量增量关系图

3. 数值模拟

数值试井表明合理裂缝间距与储层有效渗透率密切相关,渗透率越低,裂缝间距越小,也就是说需要的压裂段数越多。储层渗透率大于 0.1mD 时,合理裂缝间距为 200~280m;储层渗透率小于 0.1mD 时,合理裂缝间距为 120~200m(图 8-18)。

4. 国外成果类比

根据路易斯安那大学的 Bagherian 和科廷科技大学的 Sarmadivaleh 等 (2010) 的研究成果 (图 8-19),类比苏里格气田水平井基本参数 (水平段长度 1000m,地层渗透率 0.1mD,泄气面积约为 1km²),可知其水平井压裂间距为 130~180m。

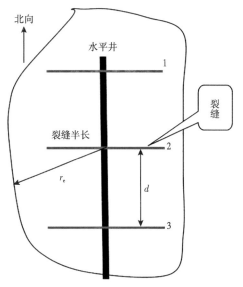

图 8-17　多段压裂水平井示意图

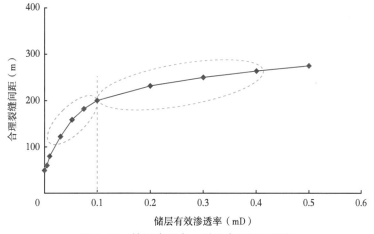

图 8-18　储层渗透率—裂缝合理间距图版

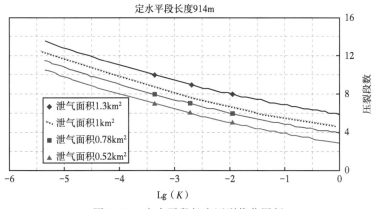

图 8-19　定水平段长度压裂优化图版

5. 国外开发实例

西加拿大盆地 Montney 组致密气藏埋深 2100～3000m，渗透率 0.005～0.02mD，孔隙度 6.5%，含水饱和度 25%，有效储层厚度 85m（Tonn 和魏俊平，1999；赵靖舟等，2011）。Montney 组致密气藏水平段 1000～2400m，压裂级数 6～18 级，压裂间距 100～150m，对苏里格气田水平井多段压裂具有一定的参考意义。

综上，苏里格气田水平井合理压裂间距为 100～150m，1000m 左右的水平段应压裂 5～8 段。

四、水平段井轨迹

针对叠置带、过渡带等辫状河体系带不同的砂体叠置样式，优化了水平井井轨迹（图 8-20）。叠置带内砂体以厚层块状孤立型和多层叠置型为主，分别对应平直型井轨迹和大斜度井轨迹（牛洪波等，2012）；过渡带砂体厚度薄，有效砂体稳定性差，在空间上分布相对孤立，泥岩夹层频繁出现，设计阶梯形井轨迹。当然过渡带有效砂体相对集中段时，也可设计平直型井轨迹。这里展现的只是概念化的井轨迹模式，具体工作时会根据井区的实际砂体叠置样式（凌红，2009；曹阳等，2010；王兴武，2010），调整井轨迹设计方案。

（a）厚层块状孤立型砂体——平直型井轨迹

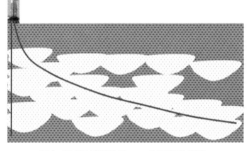
（b）多层叠置型砂体——大斜度井轨迹

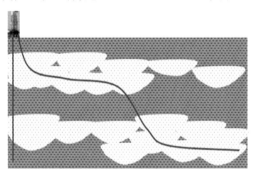
（c）分段薄层砂体——阶梯型井轨迹

图 8-20　水平井井轨迹设计模式图

建议在新的评价区块，首先划分叠置带、过渡带、体系间等辫状河体系带，即在辫状河体系带约束下，建立精确的相控地质模型，并优先对叠置带、过渡带展开评价，结合建立的水平井地质目标优选标准，优选水平井有利地质目标，进行合理的井轨迹设计，以期获得最优的开发效果。

五、入靶点位置

垂向上，入靶点位置应处于目标小层中部，以防止轨迹控制不当、局部微构造认识不足造成的钻头钻出目标层，防止钻遇心滩顶部水洼或水道沉积的泥质沉积物。

平面上，水平段位置应位于目标小层中央。苏里格气田盒8段有效储层主要为心滩微相，呈菱形或梭形，水平段极易从侧翼穿出（王继平等，2012）。保证水平段位于砂体中央，可有效防止水平段从心滩侧翼穿出给水平井施工带来的困难及造成的浪费。

第三节 水平井设计及评价

苏里格气田从2010年水平井规模化开发以来，逐步形成和发展了"六图一表"的水平井布井方法，"六图一表"是指地震剖面图、砂体厚度图、有效砂体厚度图、构造平面图、气藏剖面图、井轨迹设计图及靶点设计表（图8-21）。使水平井有效储层钻遇率获得了比较大的提升，从早期的20%~30%提升至50%~60%，开启了水平井开发的规模进程。

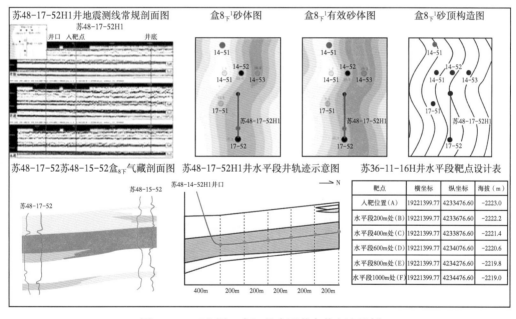

图8-21 "六图一表"的水平井布井方法示例

一、基于砂层组组合模式的水平井设计

1. 砂层组组合模式

为了建立覆盖苏里格全区的砂层组组合模式，同时考虑水平井开发的地质条件，重点对苏10、苏36-11、苏6、苏14共四个区块的密井网区进行了精细地质解剖。基于密井网区地质解剖，根据有效储层垂向剖面的集中程度，建立了三种砂层组组合模式，按形成时水动力条件由强到弱分别为单期厚层块状型、多期垂向叠置泛连通型、多期分散局部连通

型（图8-22）。其中储量剖面集中度等于最大砂层组连通体有效储层厚度与剖面储层总厚度的比值。

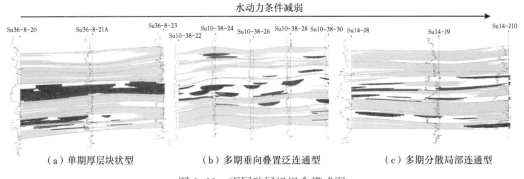

图8-22 不同砂层组组合模式图

1）单期厚层块状型

该类型储量剖面集中度大于75%，主力层系有效砂岩主要集中在某一个砂层组内，有效砂岩纵向上切割叠置，累计厚度一般超过8m，中间无或少有物性和泥质夹层，有效砂岩横向上的可对比性较好，为典型的单期厚层块状型［图8-22（a）］。该类型以苏36-8-11井组为代表（图8-23、表8-7），地质储量分布高度集中，主要分布在 $H8_2^2$ 小层，储量占比80.09%。

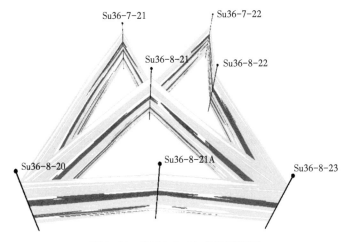

图8-23 苏36-8-21井组栅状图

2）多期垂向叠置泛连通型

该型储量剖面集中度为60%~75%，主力层系有效砂岩集中在两个或多个砂层组内，主力层系砂层组间砂岩纵横向相互切割叠置形成叠置泛连通体砂岩。有效砂岩在泛连通体内呈多层分布，叠置方式多呈堆积叠置和切割叠置出现，单层或累计厚度一般为5~8m，中间多存在物性夹层，有效砂岩横向可对比性表差［图8-22（b）］。该类型以苏10-38-24井组为代表（图8-24、表8-8），地质储量主要分布在盒8段下亚段的两个小层中，储量占比61.63%。

表 8-7　苏 36-8-21 井组剖面储量占比表

小层号	储量占比（%）
$H8_1^1$	0.08
$H8_1^2$	
$H8_2^1$	
$H8_2^2$	80.09
S_1^1	3.04
S_1^2	13.22
S_1^3	3.65
合计	100

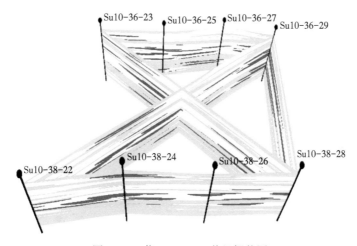

图 8-24　苏 10-38-24 井组栅状图

表 8-8　苏 10-38-24 井组剖面储量占比表

小层号	储量占比（%）
$H8_1^1$	5.98
$H8_1^2$	0.02
$H8_2^1$	14.21
$H8_2^2$	61.63
S_1^1	13.67
S_1^2	3.12
S_1^3	1.38
合计	100

3）多期分散局部连通型

该型储量剖面集中度集中在小于 50%，即纵向上不发育主力层系，砂岩及有效砂岩纵向上多层分布，砂岩横向局部连通，有效砂岩多为孤立状，单层厚度一般为 3~5m，中间多存在泥质夹层，夹层厚度多大于 3m［图 8-22（c）］。该类型以苏 14 井组、苏 6-J6 井组为代表（图8-25、图8-26），剖面上地质储量分布比较分散，最大砂层组连通体剖面储量集中度分别为37.77%、36.71%（表8-9、表8-10）。

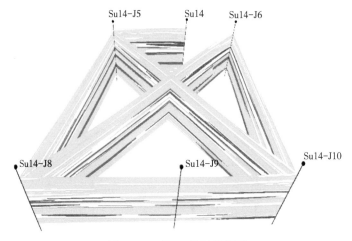

图8-25 苏14井组栅状图

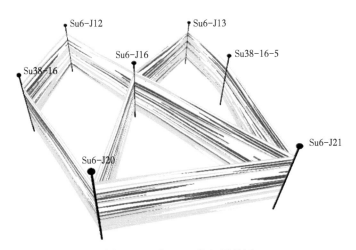

图8-26 苏6-J6井组栅状图

表8-9 苏14井组剖面储量占比表

小层号	储量占比（%）
$H8_1^1$	0.01
$H8_1^2$	2.79
$H8_2^1$	37.77
$H8_2^2$	25.18
S_1^1	1.04
S_1^2	23.75
S_1^3	9.46
合计	100

表 8-10　苏 6-J16 井组剖面储量占比表

小层号	储量占比（%）
H8$_1^1$	3.24
H8$_1^2$	36.71
H8$_2^1$	30.46
H8$_2^2$	16.63
S$_1^1$	7.57
S$_1^2$	2.52
S$_1^3$	2.86
合计	100

2. 直井与水平井开发指标对比

1）对比方法

为了系统分析直井与水平井开发的采收率差异，在各井的产量、井控储量、压力等历史拟合的基础上（图 8-27），对上述 4 个模拟井组分别开展了直井 600m×800m 井网、水平井 600m×1600m 井网的数值模拟研究，预测了开发指标。

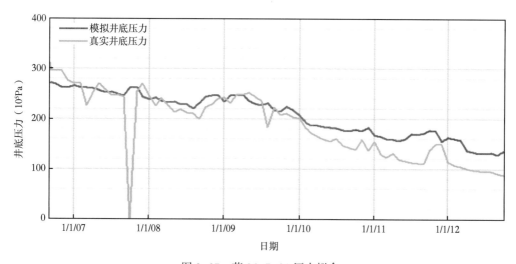

图 8-27　苏 36-7-21 压力拟合

（1）600m×800m 直井开发：根据模拟井组的实际井控程度，井网完善的情况下，利用已钻井数据；井网不完善的情况下，增加新钻井，预测单井累计产量和区块采出程度。

（2）600m×1600m 水平井整体开发：在直井建立的地质模型基础上，把直井全部替换掉，整体部署水平井，根据有效砂体的分布情况，设计水平井的井位和井轨迹。

4 个井组分别根据 600m×800m 直井井网、600m×1600m 水平井网方案设计，按照井控面积折算，确定了不同模拟井组的新钻井数（表 8-11）。

表 8-11　模拟井组方案新钻井数

模拟井组	面积（km²）	已有井数（口）	新钻井数	
			直井开发（600m×800m）	水平井整体开发（600m×1600m）
苏 36-8-21	4.54	7	2	5
苏 10-38-24	5.01	8	2	6
苏 6-J16	3.08	7		3
苏 14	2.84	6		3

2）开发指标预测

以苏 36-8-21 井组为例，若采用 600m×800m 井网直井开发，根据井控面积折算，需要部署 2 口新井以达到 600m×800m 的直井井网。根据平面上及剖面上储量分布特征，以及井网井位部署情况，部署了两口直井，井位图及井轨迹剖面如图 8-28、图 8-29 所示。

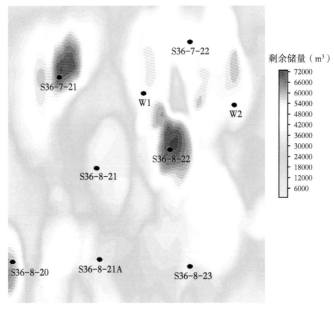

图 8-28　直井井位图

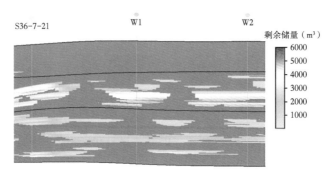

图 8-29　W1 井、W2 井井轨迹剖面

截至 2013 年底，该井组已累计产气 $25817×10^4 m^3$，井均产气 $3688.1×10^4 m^3$；数值模拟预测井均累计产气 $7124.14×10^4 m^3$，配产数据见表 8-12。苏 36-8-21 井为该井组内部署的一口直井，其累计产量均可达到亿立方米以上（图 8-30）。

表 8-12 苏 36-8-21 井组直井配产及累计产量数据表

井号	配产 $(10^4 m^3/d)$	累计产量 $(10^4 m^3)$	最终预计累计产量 $(10^4 m^3)$
Su36-7-21	3.62	5832	11030
Su36-7-22	2.02	2739	6885
Su36-8-20	2.52	3636	6348
Su36-8-21	3.43	5619	10691
Su36-8-21A	3.03	4425	6149
Su36-8-22	0.8	3298	1036
Su36-8-23	2.33	268	7730
W1	1.2		3309
W2	1.6		3400
合计		25817	56578

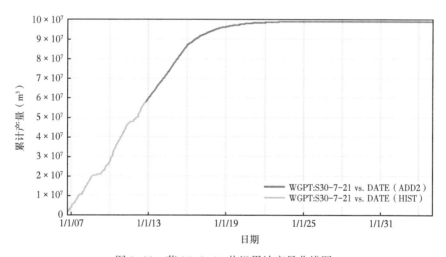

图 8-30 苏 36-8-21 井组累计产量曲线图

苏 36-8-21 井组若按水平井整体开发，根据储量分布情况及层位，设计了 5 口水平井，设计水平段长度 1000m，压裂 5 段。井位图及井轨迹剖面如图 8-31、图 8-32 所示。

该井组水平井平均配产 $8.4×10^4 m^3/d$，平均累计产气 $1.1458×10^8 m^3$，配产及累计产量数据见表 8-13。以该井组内部署的两口水平井 W4 井、W5 井为例，W4 井的累计产量为 $6035×10^4 m^3$（图 8-33），W5 井的累计产量可达到 $15585×10^4 m^3$。

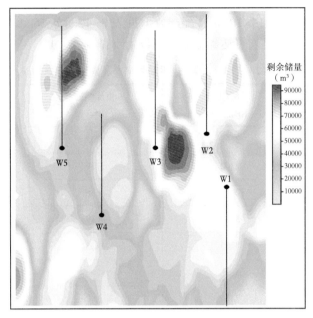

图 8-31　W5 井轨迹剖面

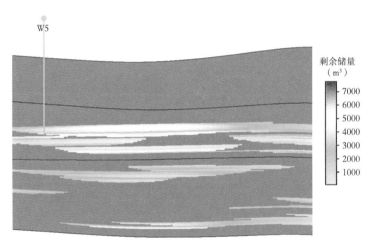

图 8-32　水平井井位图

表 8-13　苏 36-8-21 井组水平井配产及累计产量数据表

井号	配产（$10^4 \mathrm{m}^3/\mathrm{d}$）	累计产量（$10^4 \mathrm{m}^3$）
W1	10	12996
W2	8.5	9132
W3	9	13535
W4	2.5	6035
W5	9	15585
合计		57293

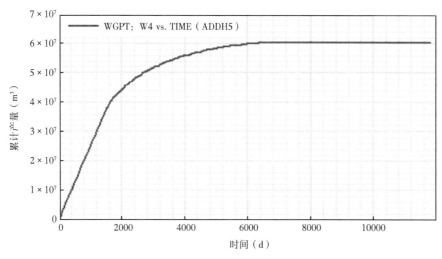

图 8-33　W4 井累计产量曲线图

3）直井与水平井开发效果对比分析

在 4 个井组数值模拟和开发指标预测基础上，对比分析了不同地质条件下的直井与水平井开发效果。

对于剖面上储量集中度高（大于 60%）的井组（苏 36-8-21 井组、苏 10-38-24 井组），由于主力层比较突出，采用水平井开发，可获得较高的累计产量和采出程度。对于剖面储量集中度低（小于 60%）的井组（苏 6-J16 井组、苏 14 井组），由于剖面上储量分布比较分散，采用水平井开发，储量动用程度低，而直井开发，纵向上多层合采，可获得较高的采出程度（表 8-14）。

表 8-14　直井与水平井采出程度数值模拟评价结果表

砂层组组合模式	模拟井组	地质储量			600m×800m 井网		水平井整体开发	
		井组面积（km²）	地质储量（10⁸m³）	储量丰度（10⁸m³/km²）	累计产气量（10⁸m³）	采出程度（%）	累计产气量（10⁸m³）	采出程度（%）
单期厚层块状型	苏 36-8-21	4.54	9.48	2.0881	5.6578	59.68	5.7293	60.44
多期垂向叠置泛连通型	苏 10-38-24	5.1	8.06	1.5804	2.2036	27.34	3.3333	41.36
多期分散局部连通型	苏 6-J16	3.08	6.63	2.1526	2.169	32.71	2.1167	21.85
	苏 14	2.84	5.56	1.9577	1.5794	28.41	1.043	18.76

单期厚层块状型、多期垂向叠置泛连通型储层，剖面上储量集中度高，水平井控制层段采出程度可达 65% 以上，层间采出程度在 40% 以上，采用水平井整体开发可大幅提高采收率。而对于多期分散局部连通型储层，剖面上储量分布分散，水平井控制层段采出程度小于 60%，层间采出程度小于 25%，可在井位优选的基础上，采用加密水平井开发（表 8-15）。

表 8-15 水平井层间采出程度数值模拟评价结果表

砂层组组合模式	井组	剖面储量集中度（%）	水平井控制层段采出程度（%）	层间采出程度（%）	水平井部署方式
单期厚层块状型	苏 36-8-21	80.09	75.47	60.44	水平井整体开发
多期垂向叠置泛连通型	苏 10-38-24	61.63	67.11	41.36	
多期分散局部连通型	苏 6-J16	36.71	59.52	21.85	加密水平井开发
	苏 14	37.77	49.67	18.76	

二、基于三维地质模型的水平井部署

得益于地质认识、数学算法、计算机技术及综合软件平台的不断深入和成熟，使利用地质模型与三维可视化技术进行水平井部署成为可能。相比于传统的"六图一表"的布井方式，基于地质模型、利用三维可视化的技术进行水平井设计具有以下优势：

（1）多资料融合：三维地质模型可综合测井、钻井、地震、开发动态等多尺度、多类型的资料，并交互使用，使得微构造表征、井间砂体及有效砂体刻画等方面能展现出传统的手工图件无法体现的细节；

（2）实时：若发现模型不合理，简单修改几个参数就可以整体或局部修正模型，新获得的资料也可及时补充到模型中去，这就为地质模型在水平井设计和水平井钻进中发挥地质导向作用提供了可能；

（3）直观：可从任何角度、任何剖面对模拟的地下地质体进行观察和解剖，相当于绘制了无数的平面图和剖面图，这是利用传统方法手工绘制平面图和剖面图无法实现的效果。

当然，目前国内利用三维可视化技术进行水平井布井的实例并不多，主要原因是这种做法对三维地质模型的精度和准确度提出了比较高的要求（刘云燕等，2008；唐林等，2011；梁洪芳和孙雪东，2012；李红英等，2012）。基于"多期约束，分级相控，多步建模"的建模方法，本研究建立的地质模型在井点处忠实于硬数据，在井间综合测井、地震、地质等多方面的资料（刘福贵等，1993；刘传虎和刘福贵，1994），既能表现出河道的形态，又能描述和预测储层及有效储层的分布，较精细地刻画了局部细节，使得模型的精度和准确度较高，可以达到三维可视化布水平井的要求。

鉴于辫状河体系带对有效砂体分布有较强的控制作用，以三维地质模型为基础，以水平井地质目标优选标准和水平井地质优化研究成果为依据，在苏 6 加密区分别针对辫状河体系叠置带和过渡带进行水平井的部署设计。

辫状河体系叠置带储层分布稳定，连续性和连通性强，有效砂体相对集中，以单期块状厚层型、多期垂向叠置泛连通型为主，水平井地质目标优选重在"选区"，应对整个地质目标区的厚度、有效厚度、储量剖面集中程度、储量丰度、Ⅰ类井+Ⅱ类井比例、投产井总体生产情况等进行整体评价，若符合叠置带水平井地质目标优选标准，则可考虑"整体式"部署水平井。

辫状河体系过渡带有效砂体分布相对零星，以多期分散局部连通型为主，在水平井地质目标区优选的基础上，重在"选井"，主要评价"甜点区"邻近区域的储层质量、与

"甜点区"相邻的2~3口直井的开发效果等,若符合过渡带地质目标优选标准,则可考虑"甜点式"部署水平井。

需要指出的是,建立地质模型时为了充分应用各种资料,详尽地获得砂体规模等建模参数,并验证提出的新的建模方法,挑选了一块开发历史较长,井控程度较高,井网较密(400m×600m)的加密区——苏6加密区作为研究区,这就使得建模区的井网井距不一定达到布水平井的井网要求(600m×1600m),因此这里只介绍一种基于模型布水平井的思路和方法,未来可在合适的井区推广和尝试。

1. 叠置带水平井设计

研究区盒8段下亚段辫状河体系叠置带分布范围广(图8-34),储层厚度大(图8-35),储层垂向叠置率和横向连通率高,有效砂体相对富集(图8-36),剖面储量较集中,是研究区最好的层段。优选储层及有效储层厚度大、发育稳定、储量剖面集中度高、井控程度较高、Ⅰ类井+Ⅱ类井比例高、试气及生产效果好的苏6加密区中北部,作为整体实施水平井的有利目标区。

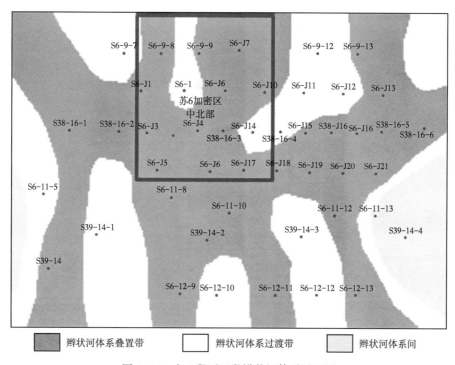

图8-34　盒8段下亚段辫状河体系平面图

苏6加密区中北部面积为4.93km²,区内共有开发井15口,其中Ⅰ类直井4口,Ⅱ类直井8口,Ⅰ类井+Ⅱ类井比例为80%,稳产期井均产气1.18×10⁴m³/d,不产水。

结合测井、地震资料建立的构造模型,水平井区内盒8段下亚段顶面、底面构造比较平缓(图8-37、图8-38),整体上北东高、南西低,布井处构造幅度差一般小于10m。苏6加密区中北部盒8段下亚段受辫状河体系叠置带控制,储层整体较厚,普遍大于15m,局部大于20m,甚至达25m(图8-39、图8-40);有效储层一般大于6m,在S6井、S6-9-9井、S6-J7井等井附近可达9m以上(图8-41、图8-42)。通过对比手工绘制的

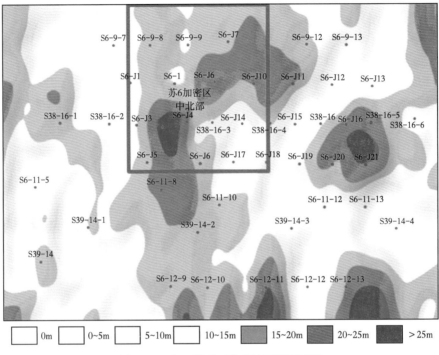

图 8-35　盒 8 段下亚段砂体厚度平面图

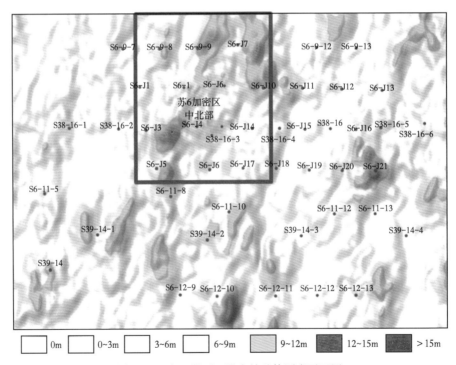

图 8-36　盒 8 段下亚段有效砂体厚度平面图

和从模型导出的砂体等厚图、有效砂体等厚图，可以看出建立的三维地质模型能够较好地反映地质特征，同时由于综合了测井、地震等多种资料，在井间能较好地表现储层及有效储层的分布，井间预测性更高。鉴于地质模型导出的砂体等厚图和有效砂体等厚图是地质、测井、地震等资料信息的综合体现，已经充分利用了地震资料，此处就不再与"六图一表"中的地震剖面图单独进行对比。

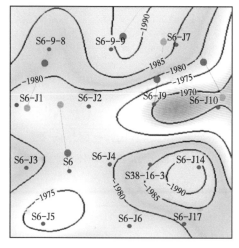

图 8-37　盒 8 段下亚段顶面构造图

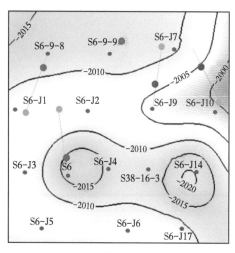

图 8-38　盒 8 段下亚段底面构造图

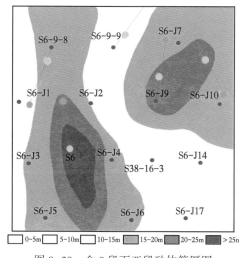

图 8-39　盒 8 段下亚段砂体等厚图

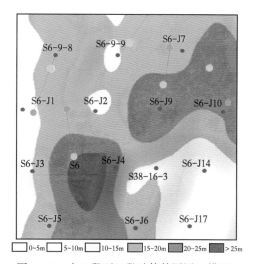

图 8-40　盒 8 段下亚段砂体等厚图（模型）

经计算，苏 6 加密区中北部盒 8 段下亚段储量丰度为 $0.9311 \times 10^8 \, \mathrm{m^3/km^2}$，储量集中度达到 60.83%（表 8-16）。综合认为，苏 6 加密区中北部满足叠置带布水平井的条件。考虑到储层及有效储层的厚度、连续性，基于三维地质模型，在水平井地质目标区部署 5 口水平井（图 8-43），进行水平井的整体开发。5 口水平井全都位于砂体连续性稳定、有效厚度集中的区域。

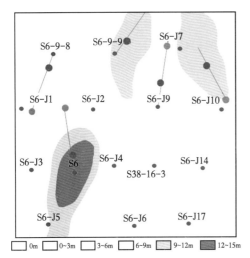

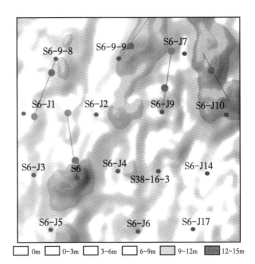

图 8-41 盒 8 段下亚段有效砂体等厚图　　　　图 8-42 盒 8 段下亚段有效砂体等厚图（模型）

表 8-16 苏 6 加密区中北部储量计算参数表

层位	含气面积 （km²）	有效厚度 （m）	孔隙度 （%）	渗透率 （mD）	含气饱和度 （%）	地质储量 （10⁸m³）	储量丰度 （10⁸m³/km²）	储量集中度 （%）
盒 8 段上亚段	4.01	3.89	8.20	0.48	45.34	1.32	0.3297	17.63
盒 8 段下亚段	4.90	8.00	8.41	0.79	60.67	4.56	0.9311	60.83
山 1 段	4.34	4.07	7.70	0.52	51.91	1.61	0.3712	21.48
合计	4.93	12.80	8.10	0.60	52.64	7.50	1.5213	100

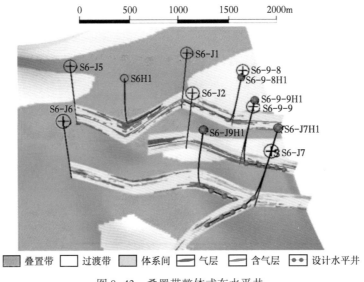

图 8-43 叠置带整体式布水平井

210

以部署的 5 口水平井中的 S6-J7H1 井为例，分析其设计合理性。与 S6-J7H1 井相邻的两口直井分别为 S6-J7 井、S6-J10 井。S6-J7 井与 S6-J10 井垂向上有效砂体厚度大，分布较集中，横向上连续性强，从地质模型中导出的气藏剖面图能反映储层及有效储层的连通情况（图 8-44），同时相比于仅用井资料建立的气藏剖面图（图 8-45），能更准确地表现出两井之间的构造幅度的变化。

图 8-44　S6-J7—S6-J10 气藏剖面图（模型）

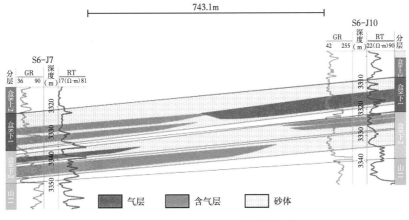

图 8-45　S6-J7—S6-J10 气藏剖面图

S6-J7H1 井水平段方位南偏东，方位角 150°，水平井入靶点海拔为 -1987.8m，气层厚度为 6.5m，水平段延伸 1000m 后，末端预测气层厚度 5m（图 8-46）。在靶点 A 点、F

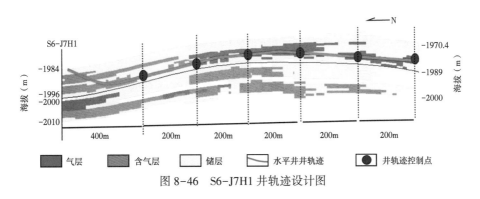

图 8-46　S6-J7H1 井轨迹设计图

点间设置 B、C、D、E 四个控制靶点，A 点、F 点之间每个靶点间距为 200m。鉴于模型中的有效储层是根据储层属性筛选和离散相建模综合判断而得的，因此有效砂体在部分三维网格上会出现不连续的情况，是建模研究下一步努力修正和完善的方向。靶点设计见表8-17。

表 8-17 S6-J7H1 靶点设计表

靶点	横坐标	纵坐标	海拔（m）
入口坐标	19284057	4270578	1338.7
入靶位置（A）	19284257	4270232	-1987.8
水平段 200m 处（B）	19284357	4270059	-1980.2
水平段 400m 处（C）	19284457	4269885	-1976.3
水平段 600m 处（D）	19284557	4269712	-1974.1
水平段 800m 处（E）	19284657	4269539	-1976.9
水平段 1000m 处（F）	19284757	4269366	-1979.4

2. 过渡带水平井设计

受物源、水动力、古地貌等因素控制，过渡带相比于叠置带，其心滩发育的规模和频率都有所降低，有效砂体分布也相对分散，整体式布水平井风险大。在过渡带内部署水平井分为两步，先"选区"，再"选井"。在该相带设计水平井应更侧重局部"甜点区"研究，在优选水平井地质目标区的基础上，主要对"甜点区"邻近区域的储层展布、直井的开发效果等进行评价，而不是像在叠置带设计水平井那样重点对地质目标区的储层厚度、储量富集程度、开发效果等进行整体评价。

研究区山 1 段相比于盒 8 段水动力弱，砂体相对不发育，辫状河体系叠置带规模较小，过渡带分布广泛（图 8-47），辫状河体系间的规模也相对大一些。

山$_1^2$ 小层在山 1 段的 3 个小层中砂体厚度最稳定，主要分布在 6~9m 之间（图 8-48），有效砂体相对发育，一般为 3~6m，局部区域可在 6m 以上（图 8-49）。针对山$_1^2$ 小层，优选过渡带水平井地质目标区。

从地质模型导出的顶底构造图可看出，优选出的山 1 段水平井区构造整体上比较平缓，高差相差不大，呈现出北高南低、东高西低的格局，与区域构造趋势一致（图 8-50、图 8-51）。在 S6-J1 井、S6-J2 井之间存在局部高点，高差仅为 5m 左右。山 1 段水平井区S6 井、S6-J2 井附近砂体厚度较大，局部可达 12m 以上（图 8-52、图 8-53），有效砂体可达 9m 以上（图 8-54、图 8-55），存在"甜点区"。基于地质模型的砂体及有效砂体等厚图形态与手工绘制的图件的趋势大体一致，在井间更好地表现了储层及有效储层的分布及连续性。

分析"甜点区"附近的 S6 井和 S6-J2 井的生产情况。S6 井三年稳产期平均产气量为 1.96×10⁴m³/d，为 I 类井；S6-J2 稳产期平均产气量为 0.86×10⁴m³/d，属于 II 类井，两井都不产水。S6 井在山$_1^2$ 小层 3375~3379.5m、3380.8~3384.4m 处分别发育两个气层，厚度分别为 4.5m 和 3.7m（图 8-56），累计气层厚度 8.2m，两个气层间发育厚 1.3m 的物性

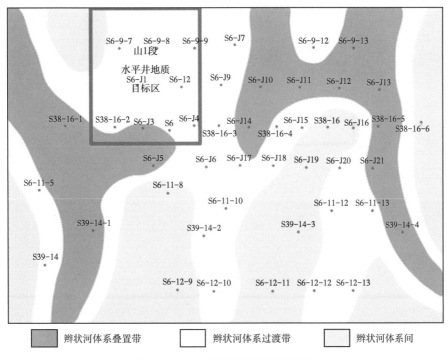

图 8-47　山 1 段辫状河体系平面图

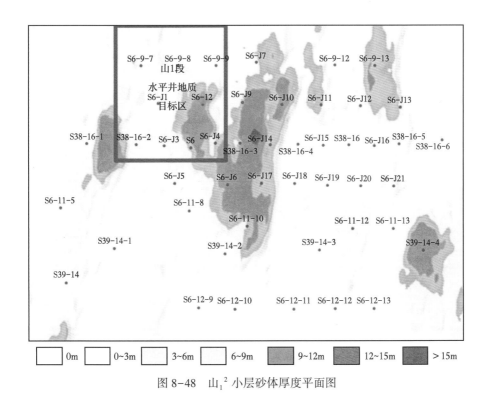

图 8-48　山$_1{}^2$ 小层砂体厚度平面图

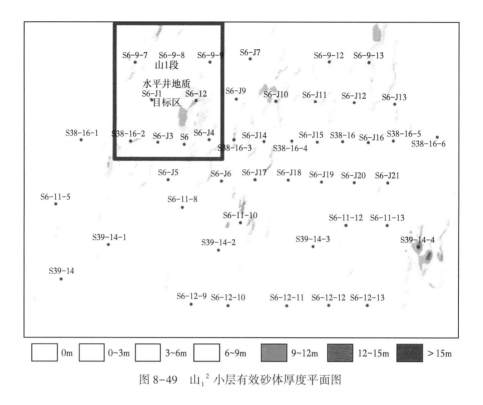

图 8-49　山$_1^2$ 小层有效砂体厚度平面图

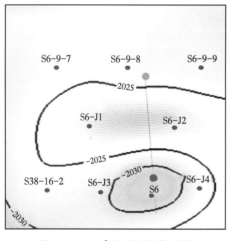

图 8-50　山$_1^2$ 小层顶面构造图

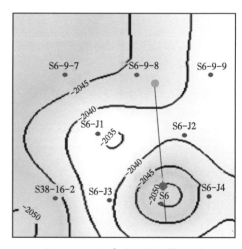

图 8-51　山$_1^2$ 小层底面构造图

夹层，通过压裂工艺可沟通上下气层。S6-J2 井在 3359.1~3364.2m、3369.1~3370.9m 处分别发育一个气层和一个含气层，厚度分别为 5.1m 和 1.8m。垂向上两个有效砂体间距离较远，为 5.8m，现有的水平井压裂工艺无法沟通这两个有效砂体，故水平井井轨迹应设计钻遇 S6 井的两个有效砂体和 S6-J2 井埋深较浅的有效砂体。

　　S6 井—S6-J2 井气藏剖面反映出两井气层段自然伽马测井曲线为微齿化箱形，井间有效砂体通过侧向搭接的方式连通。模型生成的气藏剖面图和手工勾绘的图基本一致（图

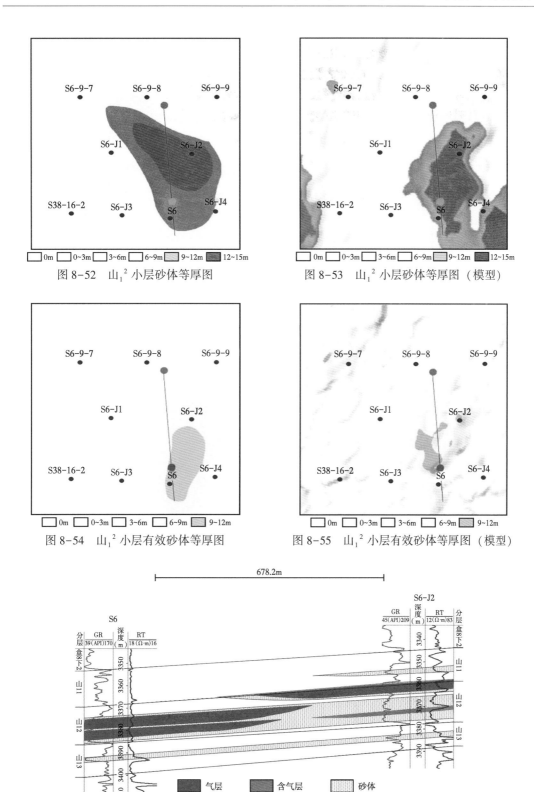

图 8-52　山$_1^2$ 小层砂体等厚图

图 8-53　山$_1^2$ 小层砂体等厚图（模型）

图 8-54　山$_1^2$ 小层有效砂体等厚图

图 8-55　山$_1^2$ 小层有效砂体等厚图（模型）

图 8-56　S6—S6-J2 气藏剖面图

8-57、图 8-58），相似度较高，反映出地质模型的可靠性较高，能够比较真实地反映出储层、有效储层的规模及连通性。需要指出的是，建立的三维地质模型在表现小于 2m 的薄夹层时还有一定的困难，需要进一步的完善。

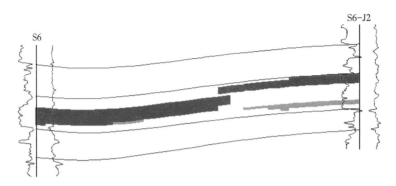

图 8-57　S6—S6-J2 气藏剖面图（模型）

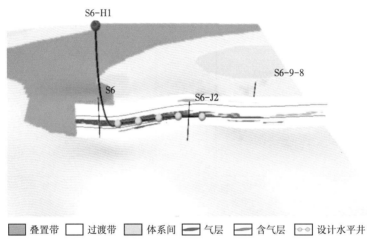

叠置带　　过渡带　　体系间　　气层　　含气层　　设计水平井

图 8-58　山 1 段过渡带"甜点式"水平井开发

　　综合分析构造幅度、沉积体系带展布、"甜点区"储层及有效储层分布、"甜点区"附近直井生产情况，认为山 1 段水平井区的 S6 井、S6-J2 井间储层满足过渡带布水平井的条件，在 S6 井、S6-J2 井之间设计了一口水平井——S6-H1 井。

　　基于建立的三维地质模型，结合水平井地质优化研究成果，设计了 S6H1 水平井的井轨迹（图 8-59）。S6H1 井水平段方向北偏西，方位角 345.1°，水平段长度 1000m，靶前距 400m，水平段设计在气层中部。入靶点海拔−2042.4m，气层厚度为 8.2m（扣除了 1.3m 的夹层），水平段末端预测气层厚度 5.1m，靶点设计见表 8-18。

　　2008 年以来，长庆油田在开发实践中摸索出了"六图一表"的水平井布井方法，该方法的规模化应用推动了水平段有效储层钻遇率由不到 40% 提高至 60% 以上。另一方面，基于三维地质模型的水平井部署，与地质静态资料和生产动态资料结合得更加紧密，可在水平井钻进的过程中更好地发挥地质导向作用，在可视化、实时等方面相比于传统的"六

图一表"方法更具优势。基于地质模型的水平井部署方法，具有进一步提高水平井储层钻遇率的潜力，是未来水平井设计的趋势。

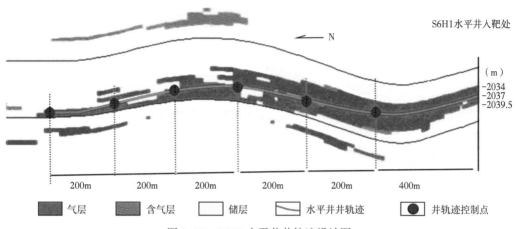

图 8-59 S6H1 水平井井轨迹设计图

表 8-18 S6H1 靶点设计表

靶点	横坐标	纵坐标	海拔（m）
入口坐标	19282924	4269108	1336.7
入靶位置（A）	19282821	4269495	−2042.4
水平段 200m 处（B）	19282770	4269688	−2039.2
水平段 400m 处（C）	19282718	4269881	−2034.8
水平段 600m 处（D）	19282667	4270074	−2036.0
水平段 800m 处（E）	19282615	4270268	−2041.2
水平段 1000m 处（F）	19282564	4270461	−2043.0

需要指出的是，目前基于地质模型的水平井设计还存在一定的局限性，尤其是在表现薄的隔（夹）层时效果不好，地质模型中的有效砂体在局部网格也会出现不连续的问题，皆是下一步努力解决和完善的方向。

参 考 文 献

阿普斯，等. 2008. 生产动态分析理论与实践 [M]. 北京：石油工业出版社.

艾宁，唐永，杨文龙，等. 2013. 基于模糊神经网络的致密砂岩储层反演——以长岭断陷1号气田登娄库组为例 [J]. 石油与天然气地质，43（3）：413-420.

曹阳，王平，季锋，等. 2010. 三维多靶侧钻水平井轨迹控制技术 [J]. 天然气技术，4（3）：23-26.

陈凤喜，卢涛，达世攀，等. 2008. 苏里格气田辫状河沉积相研究及其在地质建模中的应用 [J]. 石油地质与工程，22（2）：21-24.

戴金星，倪云燕，吴小奇. 2012. 中国致密砂岩气及在勘探开发上的重要意义 [J]. 石油勘探与开发，39（3）：257-263.

单敬福，杨文龙. 2012. 苏里格气田苏东区块山西组沉积体系研究 [J]. 海洋地质与第四纪地质，32（1）：109-117.

付金华，范立勇，刘新社，等. 2019. 苏里格气田成藏条件及勘探开发关键技术 [J]. 石油学报，40（2）：240-256.

冈秦麟，等. 1997. 气藏开发应用基础技术方法 [M]. 北京：石油工业出版社.

宫壮壮，王宏彦. 2013. 气藏动态储量计算方法 [J]. 中国石油和化工标准与质量，13（21）：88.

郭建林，贾成业，闫海军，等. 2018. 致密砂岩气藏储渗单元研究方法与应用：以鄂尔多斯盆地二叠系下石盒子组为例 [J]. 高校地质学报，21（3）：412-424.

郭智，贾爱林，冀光，等. 2017. 致密砂岩气田储量分类及井网加密调整方法——以苏里格气田为例 [J]. 石油学报，38（11）：1299-1309.

郭智，杨少春，贾爱林，等. 2013. 薄砂层多开发层系油田测井精细解释方法 [J]. 石油学报，34（6）：1137-1142.

韩继超. 2011. 苏里格气藏地质建模研究及应用 [D]. 北京：中国石油大学（北京）.

何东博，贾爱林，冀光，等. 2013. 苏里格大型致密砂岩气田开发井型井网技术 [J]. 石油勘探与开发，40（1）：79-89.

何东博，王丽娟，冀光，等. 2012. 苏里格致密砂岩气田开发井距优化 [J]. 石油勘探与开发，39（4）：458-464.

何东博. 2005. 苏里格气田复杂储层控制因素和有效储层预测 [D]. 北京：中国地质大学（北京）.

何光怀，李进步，王继平，等. 2011. 苏里格气田开发技术新进展及展望 [J]. 天然气工业，3l（2）：1-5.

何顺利，兰朝利，门成全. 2005. 苏里格气田储层的新型辫状河沉积模式 [J]. 石油学报，26（6）：25-29.

黄炳光，李晓平. 2004. 气藏工程分析方法 [M]. 北京：石油工业出版社.

黄炳光，等. 2004. 气藏工程与动态分析方法 [M]. 北京：石油工业出版社.

冀光，唐海发，位云生. 2013. 苏里格气田水平井提高采收率研究 [R]. 中国石油勘探开发研究院鄂尔多斯分院.

贾爱林，程立华. 2012. 精细油藏描述程序方法 [M]. 北京：石油工业出版社.

贾爱林，程立华. 2010. 数字化精细油藏描述程序方法 [J]. 石油勘探与开发，37（6）：623-627.

贾爱林，王国亭，孟德伟，等. 2018. 大型低渗—致密砂岩气田井网加密提高采收率对策——以鄂尔多斯盆地苏里格气田为例 [J]. 石油学报，39（7）：802-813.

贾爱林. 2010. 精细油藏描述与地质建模技术 [M]. 北京：石油工业出版社.

姜艳东，万玉金，钟世敏，等. 2010. 考虑阻流带的低渗透气藏数值模拟 [J]. 天然气工业，30（11）：53-55.

李安琪，等. 2008. 苏里格气田开发论 [M]. 北京：石油工业出版社.

李红英，马奎前，杨威，等. 2012. 随钻地质建模在 X 油田水平井设计与实施中的应用 [J]. 石油天然气学报，34（9）：28-32.

李建忠，郭彬程，郑民，等. 2012. 中国致密砂岩气主要类型、地质特征与资源潜力 [J]. 天然气地球科学，23（4）：607-615.

李少华，刘显太，王军，等. 2013. 基于沉积过程建模算法 Alluvsim 的改进 [J]. 石油学报，34（1）：140-144.

李士伦，王鸣华，何江川，等. 2004. 气田与凝析气田开发 [M]. 北京：石油工业出版社.

李士伦，等. 2000. 天然气工程 [M]. 北京：石油工业出版社.

李跃刚，范继武，等. 1998. 一种改进的修正等时试井分析方法 [J]. 天然气工业，18（5）：56-58.

李志鹏，林承焰，董波，等. 2012. 河控三角洲水下分流河道砂体内部建筑结构模式 [J]. 石油学报，33（1）：101-105.

李治平，邬云龙，青永固. 2002. 气藏动态分析与预测方法 [M]. 北京：石油工业出版社.

梁洪芳，孙雪东. 2012. 低渗透薄油层四分支鱼骨水平井设计与施工 [J]. 石油科技论坛，31（3）：14-17.

廖锐全，张志全. 2003. 采气工程 [M]. 北京：石油工业出版社.

凌红. 2009. 苏 10-31-48H 水平井轨迹控制技术 [J]. 石油天然气学报，31（5）：318-320.

刘福贵，刘传虎. 1994. 应用三维地震资料设计水平井轨迹 [J]. 地球物理学报，37（增刊1）：455-460.

刘福贵，刘传虎，王超明，等. 1993. 应用地震资料设计水平井轨迹 [J]. 地球物理学进展，8（3）：122-131.

刘能强. 2008. 实用现代试井解释方法 [M]. 北京：石油工业出版社.

刘群明. 2012. 低渗砂岩气田水平井开发地质目标优选 [D]. 北京：中国石油勘探开发研究院.

刘显阳，惠潇，李士祥. 2012. 鄂尔多斯盆地中生界低渗透岩性油藏形成规律综述 [J]. 沉积学报，30（5）：964-974.

刘云燕，康毅力，庞彦明. 2008. 油藏表征技术在低丰度、薄油层水平井设计与导向中的应用 [J]. 大庆石油学院学报，32（4）：16-19.

卢涛，刘艳侠，武力超，等. 2015. 鄂尔多斯盆地苏里格气田致密砂岩气藏稳产难点与对策

［J］. 天然气工业，35（6）：43-52.

罗瑞兰，雷群，范继武，等，2010. 低渗透致密气藏压裂气井动态储量预测新方法［J］. 天然气工业，30（7）：28-31.

罗晓义，马素俊. 2010. 试井及生产动态资料在阻流带评价中的应用——以庄 9 井区为例［J］. 油气地质与采收率，17（1）：96-98.

马新华，贾爱林，谭健，等. 2012. 中国致密砂岩气开发工程技术与实践［J］. 石油勘探与开发，39（5）：572-579.

聂仁仕，贾永禄，朱水桥，等. 2012. 水平井不稳定试井与产量递减分析新方法［J］. 石油学报，33（1）：123-127.

牛洪波，陈建隆，隋小兵. 2012. 浅层大位移水平井钻井关键技术分析［J］. 天然气工业，32（2）：71-74.

牛祥玉. 2009. 低渗透油藏压裂水平井地质优化设计技术［J］. 石油天然气学报，31（2）：120-122.

秦同洛，陈元千，等. 1989. 实用油藏工程方法［M］. 北京：石油工业出版社.

石书缘，尹艳树，冯文杰. 2012. 多点地质统计学建模的发展趋势［J］. 物探与化探，36（4）：655-660.

寿铉成，何光怀，Fest Nick. 2003. 榆林气田长北区块山西组下段主力储集层建模及水平井地质设计［J］. 石油勘探与开发，30（4）：117-121.

隋军，戴跃进，王俊魁，等. 2000. 油气藏动态研究与预测［M］. 北京：石油工业出版社.

孙龙德，撒利明，董世泰. 2013. 中国未来油气新领域与物探技术对策［J］. 石油地球物理勘探，48（2）：317-324.

谭中国，卢涛，刘艳侠，等. 2016. 苏里格气田"十三五"期间提高采收率技术思路［J］. 天然气工业，36（3）：30-40.

唐俊伟. 2004. 苏里格气田产能评价［D］. 北京：中国地质大学（北京）.

唐林，张艳梅，季卫民，等. 2011. 底水断块油藏断裂绕障水平井设计——以彩南油田彩 10 井区 CHW05 井为例［J］. 新疆石油地质，32（4）：396-398.

唐攀，唐菊兴，唐晓倩，等. 2013. 传统方法和地质统计学在矿产资源/储量分类中的对比分析［J］. 金属矿山，449（11）：106-109.

童晓光，郭彬程，李建忠，等. 2012. 中美致密砂岩气成藏分布异同点比较研究与意义［J］. 中国工程科学，14（6）：9-15，30.

王继平，任战利，单敬福，等. 2011. 苏里格气田东区盒 8 段和山 1 段沉积体系研究［J］. 地质科技情报，30（5）：41-48.

王继平，任战利，李跃刚，等. 2012. 基于储层精细描述的水平井优化设计方法［J］. 西北大学学报：自然科学版，42（4）：642-648.

王丽娟，何东博，冀光，等. 2013. 阻流带对子洲气田低渗透砂岩气藏开发的影响［J］. 天然气工业，33（5）：56-60.

王兴武. 2010. 薄油层水平井轨迹控制技术［J］. 钻采工艺，33（6）：127-129.

位云生，贾爱林，何东博，等. 2012. 致密气藏分段压裂水平井产能评价新思路［J］. 石油天然气工业，35（1）：32-34.

吴键，李凡华. 2009. 三维地质建模与地震反演结合预测含油单砂体［J］. 石油勘探与开发，36（5）：623-627.

吴胜和. 2010. 储层表征与建模［M］. 北京：石油工业出版社.

杨华，付金华，刘新社，等. 2012. 鄂尔多斯盆地上古生界致密气成藏条件与勘探开发［J］. 石油勘探与开发，39（3）：295-303.

叶昌书. 1997. 气井分析［M］. 北京：石油工业出版社.

赵靖舟，方朝强，张洁，等. 2011. 由北美页岩气勘探开发看我国页岩气选区评价［J］. 西安石油大学学报（自然科学版），26（2）：1-7.

郑俊德，张洪亮. 1997. 油气田开发与开采［M］. 北京：石油工业出版社.

中华人民共和国石油天然气行业标准. 气藏分类［S］. SY/T 6168—1995.

中华人民共和国石油天然气行业标准. 致密砂岩气地质评价方法［S］. SY/T 6832—2011.

钟孚勋. 2001. 气藏工程［M］. 北京：石油工业出版社.

庄惠农. 2004. 气藏动态描述与试井［M］. 北京：石油工业出版社.

Bagherian B, Sarmadivaleh M, Ghalambor A, et al. 2010. Optimization of Multiple-fractured Horizontal Tight Gas Well［R］. SPE 127899.

Deutsch C V, Wang L. 1996. Hierarchical Object-Based Geostatistical Modeling of Fluvial Reservoirs：SPE Annual Technical Conference and Exhibition, Denver, Colorado, 1996［C］. Society of Petroleum Engineers, Inc., 6-9 October.

Kuuskraa V A. 2004. Tight gas sands development：How to dramatically improve recovery efficiency［J］. GasTIPS,（Win.）：15-20.

Matheron G, Beucher H, de Fouquet C, et al. 1987. Conditional Simulation of the Geometry of Fluvio-Deltaic Reservoirs：SPE Annual Technical Conference and Exhibition, Dallas, Texas, 1987［C］ Society of Petroleum Engineers, 27-30 September.

Miall A D. 1985. Architectural element analysis：a new method of facies analysis applied to fluvial deposits. Earth Science Review, 22（2）：261-308.

Terrilyn M. Olson. 1985. 几个低孔低渗气藏的若干特征［J］. 天然气工业，开发学术会议论文专辑：12-22

Tonn Rainer, 魏俊平. 1999. 加拿大 Peace River Arch 地区 Montney 砂岩的地震储层描述［J］. 石油物探译丛,（1）：47-51.

Strebelle S B, Journel A G. 2001. Reservoir Modeling Using Multiple-Point Statistics：SPE Annual Technical Conference and Exhibition, New Orleans, Louisiana, 2001［C］. Society of Petroleum Engineers Inc.